通用航空器维修工程师丛书

# 民用航空器维修单位合格审定规则

## 解 读

李飞 编著

西南交通大学出版社
·成都·

图书在版编目（CIP）数据

民用航空器维修单位合格审定规则解读 / 李飞编著. 
成都：西南交通大学出版社，2024. 10. --（通用航空器维修工程师丛书）. -- ISBN 978-7-5774-0117-1

Ⅰ. V267

中国国家版本馆 CIP 数据核字第 2024P8Z902 号

通用航空器维修工程师丛书
Minyong Hangkongqi Weixiu Danwei Hege Shending Guize Jiedu
民用航空器维修单位合格审定规则解读

李飞　编著

| | |
|---|---|
| 策 划 编 辑 | 万　方　何明飞 |
| 责 任 编 辑 | 何明飞 |
| 封 面 设 计 | GT 工作室 |
| 出 版 发 行 | 西南交通大学出版社 |
| | （四川省成都市金牛区二环路北一段 111 号 |
| | 西南交通大学创新大厦 21 楼） |
| 营销部电话 | 028-87600564　028-87600533 |
| 邮 政 编 码 | 610031 |
| 网　　　址 | http://www.xnjdcbs.com |
| 印　　　刷 | 成都蜀通印务有限责任公司 |
| 成 品 尺 寸 | 170 mm × 230 mm |
| 印　　　张 | 14 |
| 字　　　数 | 196 千 |
| 版　　　次 | 2024 年 10 月第 1 版 |
| 印　　　次 | 2024 年 10 月第 1 次 |
| 书　　　号 | ISBN 978-7-5774-0117-1 |
| 定　　　价 | 58.00 元 |

图书如有印装质量问题　本社负责退换
版权所有　盗版必究　举报电话：028-87600562

# 前言

PREFACE

自 1959 年颁布《中国民航机务条令》以来，民用航空器维修已走过了 60 余年的历程。其间中国民航管理机构进行了大刀阔斧的体制改革，从自上而下集政府职能和企业经营职能于一体的政企合一部门，转变为政府立法和安全监管、企业生产经营，两者相对独立又密切联系的多部门协同的现代管理体系。民用航空器从最初的活塞螺旋桨飞机，发展到当前涵盖全部国际主流型号的涡轮、活塞飞机和旋翼机。民用航空器的维修管理理念也从一开始的定时维修，发展到以可靠性为中心的维修，再到当前以安全质量为核心的体系管理和强调自主自觉的法定自查。

"十三五"时期，中国民航实现了从运输大国向运输强国的跨越式发展，机队规模达到 6795 架，颁证运输机场 241 个，开通国际航线 895 条，通航国家 62 个，创造了持续安全飞行 5270 万小时的纪录（数据来源《"十四五"民用航空发展规划》）。中国民航批准的民用航空器维修单位达到了 900 余家，批准的民用航空器维修培训机构 100 余家，持有民用航空器维修人员执照的从业人员 68000 余人。随着国产 ARJ21、C919 投入商业运营，工业无人机高歌猛进，eVOLT 加速落地，民用航空器维修面临的外部发展环境深刻变化，为实现加速向高质量发展转型的要求，中国民用航空局于 2017 年启动中国民用航空规章第 145 部《民用航空器维修单位合格审定规则》（简称 CCAR-145 部，CCAR 是 Chinese Civil Aviation Regulations 的缩写）第四次修订工作，经内部征求意见、公众征求意见，于 2022 年 2 月正式发布，自 2022 年 5 月 1 日起施行。

本人从 2009 年入职中国民用航空飞行学院工作至今，先后从事民用航空器维修单位工程技术、安全管理、质量管理和培训管理，深知民用航空器维修从业人员对 CCAR-145 部规章正确理解的重要性，很早就萌生了将规章解读编写成书的想法，无奈积累有限无法落笔。近几年，经多岗位的工作积累、局方的交流锻炼以及对收集的历史资料的学习，总结和提炼工作实践经验并查阅国内外相关资料，斗胆撰写本书。希望通过梳理航空器维修单位管理规章的历史脉络，还原规章的修订过程，解读规章条款的深层次考虑，为从业人员提供一份有关《民用航空器维修单位合格审定规则》的完整参考指南。本书由中国民用航空飞行学院李飞全文撰写，中国民航科学技术研究院古加正和中国民用航空华北地区管理局适航维修处蒋志刚对书稿全文进行审阅并提出了宝贵的修订建议。另外，特别感谢龙妍妍女士，对书稿文字及参考文献进行的一一确认。

最后，感谢单位领导和同事，你们的支持是我的动力。感谢参与本书出版的工作人员，你们的辛勤工作和专业知识使本书付梓成为可能。

李 飞

中国民用航空飞行学院

2024 年 6 月

# 目 录
## CONTENTS

**第一章　中国民航维修的发展** ……………………………… 001
　一、中国民航维修发展简史 ………………………………… 002
　二、中国民航维修规章发展历史 …………………………… 016
　三、民航维修理论的发展 …………………………………… 028

**第二章　中外民用航空维修规章的发展与联系** ………… 035
　一、CCAR-145 部与国际民用航空公约 …………………… 036
　二、CCAR-145 部与 FAA 14 CFR Part 145/EASA PART 145 …… 042
　三、CCAR-145 部与其他中国民用航空规章 ……………… 047

**第三章　总则解读** …………………………………………… 053
　一、第 145.1 条　目的和依据 ……………………………… 056
　二、第 145.2 条　适用范围 ………………………………… 061
　三、第 145.3 条　管理机构 ………………………………… 067

**第四章　维修许可证的申请、颁发和管理** ……………… 071
　一、第 145.4 条　申请条件 ………………………………… 072
　二、第 145.5 条　申请材料 ………………………………… 074
　三、第 145.6 条　受理和审查 ……………………………… 079
　四、第 145.7 条　批准 ……………………………………… 081
　五、第 145.8 条　认可情形 ………………………………… 083
　六、第 145.9 条　维修许可证 ……………………………… 089

七、第145.10条 维修许可证的有效性……093

八、第145.11条 变更申请和办理……095

九、第145.12条 维修单位的权利……096

十、第145.13条 维修单位的义务……097

十一、第145.14条 外委……099

十二、第145.15条 等效安全情况……109

**第五章 维修类别**……111

一、第145.16条 维修工作类别……112

二、第145.17条 维修项目类别……116

**第六章 维修单位的基本条件和管理要求**……119

一、第145.18条 厂房设施……121

二、第145.19条 工具设备……123

三、第145.20条 器材……129

四、第145.21条 人员……139

五、第145.22条 技术文件……143

六、第145.23条 质量系统……146

七、第145.24条 安全管理体系……157

八、第145.25条 工程技术系统……169

九、第145.26条 生产控制系统……171

十、第145.27条 培训管理系统……172

十一、第145.28条 维修单位手册……174

十二、第145.29条 维修工作准则……177

十三、第145.30条 维修记录……183

十四、第145.31条 维修放行证明……186

十五、第145.32条 缺陷和不适航状况的报告……192

## 第七章　监督管理 ················································· 195

一、第 145.33 条　年度报告 ······································ 196
二、第 145.34 条　监督检查 ······································ 202
三、第 145.35 条　信用管理 ······································ 203

## 第八章　法律责任 ················································· 205

一、第 145.36 条　未取得证件的处罚 ···························· 207
二、第 145.37 条　提供虚假材料的处罚 ·························· 207
三、第 145.38 条　欺骗、贿赂取得许可的处罚 ···················· 208
四、第 145.39 条　不能保持本单位持续符合本规则要求的处罚 ····· 208
五、第 145.40 条　维修工作不满足相应技术文件要求 ············· 208
六、第 145.41 条　不如实报告信息的处罚 ························ 209

## 第九章　附则解读 ················································· 211

一、第 145.42 条　术语和定义 ···································· 212
二、第 145.43 条　生效与废止 ···································· 213

**参考文献** ························································· 215

# 第一章

# 中国民航维修的发展

周恩来总理在中国民航发展初期就指示民航要"保证安全第一，改善服务工作，争取飞行正常"。这是民航工作的指导方针，也是民航维修工作的指导方针。维修是民航事业中的一大系统工程，包含了从航空器选型、使用、维护、修理，一直到航空器退租、退役、拆解，以及与其相应配套的维修人员、维修机构和科研工作，等等。七十多年来，民航维修走过一条艰难曲折的发展道路，广大维修人员不畏艰苦，发挥创造性，克服重重困难，从维修中小型活塞式飞机到维修大型涡轮飞机，中国民航运输航空更是创造性地实现了持续安全飞行 5270 万小时，安全水平稳居世界前列。

## 一、中国民航维修发展简史

### （一）民航维修的初创期

- 1949—1954 年，为民航维修的初创期。

1949 年 11 月 2 日，中共中央政治局会议决定，在人民革命军事委员会下设民用航空局（简称"军委民航局"），受空军司令部指导。民用航空由国家经营，但允许私人的飞机器材投资作为股份。军委民航局成立一周后，在中国共产党的策划下，原国民党政府所属"中国航空股份有限公司"与"中央航空运输股份有限公司"的 12 架飞机从香港启德机场起飞，于当日飞回祖国怀抱，并发表起义通电，史称"两航"起义。"两航"起义为新中国民航提供了重要的人才和物质基础，这 12 架"两航"起义飞机和后来由"两航"机务人员修复的国民党遗留在大陆的十几架飞机，构成了新中国民航初期的机群主体。"两航"起义归来的大批技术人员，成为新中国民航维修的第一批业务骨干。军委民航局在天津张贵庄机场设立维护基地，担负起这些飞机的维修任务。由于在 20 世纪 40 年代中后期，"两航"先后引进了美国最新型的民航客机和机务、通信、导航等方面的先进技术装备。"两航"的机务组织，均沿袭欧美航空公司的机务体制，隶属于公司机航组的管辖之下，机务维修工作分为内场和外场两大部门，飞机的维修采用的是国际上通用的定时维修方式。无线电通信部门自成体系，与机务部门为平行关系，通信导航设备的维修工作，由通信部门专人负责。因吸取了国外的先进经验，"两航"机务组织具有较强的维修能力和较高的技术水平，工程技术人员和熟练的航空技术工人都比较齐全，经验比较丰富。

1950年7月1日，中苏民用航空股份公司成立，北京至赤塔、伊尔库茨克和阿拉木图的三条国际航线开通（该公司于1954年底全部移交中国自行经营）。1950年8月1日，在军委民航局积极筹划下，"天津—北京—汉口—重庆"与"天津—北京—汉口—广州"两条国内航线开通，这是新中国民航最早的国内航线，史称"八一"开航。但受英美等国的封锁，中国民航的航空器材、油料供应均不充足，若没有维修力量，不仅不能正常飞行，更无法保障飞行安全。为此，军委民航局于1951年成立了太原机械修理厂、上海机械修理分厂和天津电讯修配所，后又改称民航第1、2、3修理厂，按专业分工，分别主要负责飞机发动机、飞机机身结构、航空仪表的维护和修理工作。虽然困难重重，各修理厂员工群策群力、排除困难，陆续修复了国民党遗留在大陆的飞机，这些飞机被命名为"上海"号（"上海"二号至"上海"十号）、"天津"号、"广州"号、"重庆"号、"国庆"号等。另外，还修理好数以万计的飞机零部件，大大提升了客货运输能力。1952年"三反"运动后，根据中央的指示，民航把所属的太原机械修理厂和上海机械修理分厂的全部人员、设备、厂房设施等移交给重工业部航空工业局，以增强国家航空工业的基础。经这次调整，民航以原"两航"机务为基础的机务队伍大为缩小，技术力量被极大削弱。

1952年5月，政务院、中央军委作出《关于整编民用航空的决定》，原军委民航局改为空军建制，直属空军司令部，将民航行政管理机构和业务经营机构分开，改设民用航空局（简称民航局）和人民航空公司。民用航空局成为民用航空事业的行政领导机关，负责管理和指导民用航空公司的航线路线、技术标准、安全制度、器材规格和技术人员的审定等工作。人民航空公司则为经营运输航空和通用航空的业务机构，在经营业务和财务上为独立的企业单位。人民航空公司成立后，民航原天津机务工作队奉命迁至北京，与北京飞机维护组合并成立北京飞机维护队，改属公司建制，由其机航部门领导，原民航局所属各航站机务工作队及基层维护组，统归公司直接领导。

1954年1月，经中央人民政府人民革命军事委员会副主席周恩来、彭德怀批准，撤销中国人民航空公司，并与民用航空局合并，实行政企合一。公司各处室人员由局分别调至各有关单位工作。北京机务队的工作改由民用航空局机务处领导，公司各航站的外勤维护组改属当地民航站建制，由各航站管理，但技术业务仍由局机务处领导。

民航初创期的主要维修机型为美制 C-46、C-47、DC-3 和 CV-204。

## （二）民航维修的发展期

- 1954—1987年，为民航维修的发展期。

1954年具有重要意义的事件是新中国第一部宪法颁布，这部宪法为社会主义民主和法治建设奠定了基础，对于推动社会主义事业的前进起了巨大的作用，也是民航法律体系的立法基础。

1954年1月，《1953—1957年民用航空计划纲要》提出，要完成苏式飞机代替美式飞机的建设重点。随着苏式飞机的引进，1955年中国民航开始按照苏联民航机务条例、机务维修制度和组织形式及技术标准保障飞机。苏联飞机维护模式与英美飞机维护模式有着明显的区别：

（1）采用飞机组固定飞机制度。航线维护组固定维护5~6架飞机，这样对飞机的特性、故障历史情况和器材使用时限、应做什么检修，都比较熟悉。

（2）没有专职检验制度。飞机每次维护，由工作组航空技术员向工程师负责，每项工作完成后自己详细检查签字，整架飞机由工程师和随机机械员全面检查合格后，才由工程师签字放行。

（3）飞机的维护和修理分开管理。

民用航空局调整组织机构，在其机务领导机构——机务处内设立了维护科和修理科，分管外场维护和内场修理工作。将保障各型飞机飞行的外场维护工作划归各地区管理处或队（校）的机务部门及其所属航站机务组，将各型飞机的特修、大修、中修、加改装和零附件修理统交北京飞机维护队负责。1955年1月，民用航空局调整组织机构，将原华北、华东、中南和西南民航局管理处及原中苏民航股份公司的北京和乌鲁木齐管理处，改组为北京、上海、广州、重庆（1957年迁成都）和乌鲁木齐（1959年迁兰州）五个地区管理处。1958年，各管理处改为管理局。1964年，民用航空局成立沈阳管理局。50年代至60年代初期，中国民航相对初创期有了较大发展，飞机数量增加至230架，机务人员数量增加至4000余人，外场维护逐渐完善，维修能力得到较大提升。

在实行维护和修理分开管理后，各管理局、通用航空、学校的机务部门逐步改善修理和机械加工基础设施，先后建立自己的修理厂或修理车间。1956年5月，北京飞机维护队改名为民用航空局北京飞机修理厂，这是"三反"整编后民用航空局重新建立的第一个飞机修理厂，1960年该厂更名为民用航空局101厂，简称民航101厂。1958年，民航局决定在上海地区另建小型飞机修理厂，以承担运五飞机修理任务。1960年1月，上海飞机修理厂成立；1960年11月，更名为民航102厂。1965年，成都管理局成立民航103厂筹建处，历时一年半于1966年10月投产。这些修理厂成立后，先后承担里二飞机、伊尔18飞机、安二飞机，阿什62和阿什82发动机翻修工作，为国家节约了大量外汇。

1958年2月27日，中国民用航空局（简称"交通部民航局"）划归交通部领导，这一时期交通部民航局的经常领导仍以空军为主，技术、飞行、机务、通信、人事、政治工作等主要由空军领导，计划、基本建设、企业经营管理、对外关系等方针政策问题则由交通部领导。1962年4月13日，第二届全国人大常委会第53次会议决定，将中国民用航空局改名为中国民用航空总局[1]（以下简称"民航总局"）。4月15日，中共中央、国务院印发《关于

---

[1] 因国家机构改革，"中国民用航空局"和"中国民用航空总局"的名称多次交替使用，本书中出现的"民航局""民航总局"为同一部门。2008年，中国民用航空总局由国务院直属机构改制为部委管理的国家局后更名为当前使用的"中国民用航空局"。

改变民航管理体制的通知》,决定将民航总局由交通部部属局改为国务院直属局,其业务工作、党政工作、干部人事工作等均直归空军负责。

1959年6月《中国民航机务条令》颁发,这部条令是新中国成立后第一部关于民用航空器维修的规章。该条令共六章七十三项六百零八条,涵盖了民航机务工作的组织与制度、民航管理局(航校)及航空站机务人员职务规程、飞机的地面技术应用规则、飞机维护工作的基本规章、飞机特种设备合并的维护规则和技术文件等内容。1965年,时任局长邝任农和政治委员刘锦平签发《中国民用航空工程机务条例》。该条例对1959年的《中国民航机务条令》做了大量的精简,去除了关于维修工作实施方面的内容。

1967年1月,当周恩来总理获知首都机场安全和正常运行受到"造反派"的严重干扰后,提出应立即以国务院、中央军委的名义起草命令,宣布由军队接管民航。1969年11月,民航划归中国人民解放军建制,成为空军的组成部分,各项制度按军队执行,民航总局对外名称不变,仍为国务院直属局。这一时期,民航维修工作受影响较大,民航101厂先实行军事管制,后交北京市统一管理,又回交民航总局,领导班子先后调整达十次之多。民航102厂的情况与民航101厂基本类似,民航103厂虽属正面教育单位,但厂内也分裂成两大派群众组织。

1971年10月,第26届联合国大会恢复中华人民共和国在联合国一切合法权利。11月,国际民航组织第74届理事会承认中华人民共和国为中国驻国际民航组织的唯一合法代表。1972年2月,美国总统尼克松访华,签署《上海公报》,中美关系改善。1974年2月15日,我国政府致函国际民航组织,承认《芝加哥公约》并从即日起恢复参加国际民航组织的活动。1974年9月24日至10月15日,中国代表团出席了国际民航组织第21届大会并当选为理事国。1974年12月,中国政府派出了驻国际民航组织理事会的代表。随着中国国际交往日益频繁,新型喷气式飞机进入中国。美制波音707、英制三叉戟2E、苏制伊尔62的交付,标志着中国民航正式进入喷气时代,也标志着中国民航维修开启了现代化发展的新篇章。这些飞机都以大功率涡轮风扇喷气发动机推进取代了螺旋桨推进，飞机结构更多使用了铝蜂窝、玻璃钢及钛合金等新材料、新工艺，其加工运用了胶接、挤压成型技术，电子设备广泛采用集成电路。面对新的形势，1975年7月，民航总局指挥部发布《中国民用航空机务条例》，在该条例总精神指导下，各地区的航（维）修厂或机务大队先后健全了规章制度，制定《维护手册》《换季工作手册》《专机工作条例》《检验条例》和各种修理工艺规程等。同时，也重视原始记录、故障记录和各项统计报表的填写与汇总工作。

随着美国波音707、英国三叉戟2E等欧美大型客机在中国的运营，民航逐渐对国际上突飞猛进的航空技术发展有所了解。此时的飞机，从设计起已普遍采用了可靠性理论，维修的方式方法也摒弃了全部定时维修，采用了以视情维修、状态监控为主，定时维修为辅的新方案，并普遍采用维护与修理合为一体的新管理体制。中国民航自1955年效法苏联民航实施的维护和维修分开的管理体制，逐渐暴露出一些缺点：

（1）维护和修理本来是机务工作中相辅相成的两个不可分割的组成部分，但实行维护、修理分开管理，各自独立经营核算，使得维护和修理之间强调分工的多，重视合作的少。

（2）维护和修理分开，还导致机构重复，设备分散，难以及时支援。而且飞机送修进出厂交接手续烦琐，费时费事，不利于提高维修工作效率。

1978年，经国务院批准，民航总局设置航空工程部，负责全局机务工程工作，原分设于总局指挥部和后勤部的机务处和工厂管理处改由航空工程部（后改称航空工程局、航空工程司）管辖，恢复了机务系统内外场维修的统一领导。1981年1月，民航总局决定将并存于首都机场的飞机维护部门（北京管理局所属机务处、航材处、机务大队和航修厂）和内勤飞机修理部门（民航101厂）合并为北京维修基地，开始试行维护与修理相结合的机务管理体制。北京维修基地组建后，成立"维修改革研究组"，组织技术力量探索推广国外先进维修经验和改革民航机务维修体制的途径，推广"以可靠性为中心"的维修理论和逻辑分析决断法，实行"以视情维修、状态监控为主，定时维修为辅"的维修方式。1982年11月，北京维修基地召开了首届维修管理和维修技术专题报告会，全面介绍了美、苏等国已广泛采用的"以可靠性为中心"的维修理论和MSG-2、MSG-3逻辑决断方法，以及"视情维修""状态监控"和"定时维修"相结合的维修方案所取得的经验和经济效益。这次报告会是中国民航第一次以专业技术会议的形式探讨维修理论及改革的问题，对维修方式和方法的改革起到了一定的推动作用。

1978年12月，党的十一届三中全会做出将党和国家的工作重心转移到经济建设上来、实行改革开放的历史性决策。改革开放后，中国民航发展对外关系的空间有了极大的拓展，法律不断完善，改革持续推进。1979—1987年，国家推动民航进行两轮重大体制改革：第一轮体制改革自1981年开始，以军转民和企业化为主要内容；第二轮改革自1987年开始，以政企分开、简政放权、机场与航空公司分设为主要内容。1980年5月，国务院、中央军委发布《关于民航管理体制若干问题的决定》，规定自1980年3月15日起，民航总局不再由空军代管，归属国务院。民航总局是国家民航事业的行政机构，统一管理全国民航的机构、人员和业务，逐步实现企业化的管理。这就是民航史上著名的"军转民"，为我国现代民航的发展奠定了坚实基础。在此之前，中国民航是以军队领导为主的政企合一的半军事性组织，军事化管理和政治挂帅的色彩较浓，民航总局集民航监管机构、航空公司运营、机场管理、空中交通导航及管制于一身，既是主管民用航空事业的政府职能部门，又是以"中国民航（CAAC）"名义直接经营航空运输、通用航空业务的全国性企业。1982年6月，国务院常务会议决定，中国民用航空总局改称中国民用航空局（简称"民航局"）。两个月后第五届全国人大常委会第24次会议审议通过这一决定。1987年1月，国务院批准民航局《关于民航系统管理体制改革方案和实施步骤的报告》，主要目标是政企分开，将监管职能与运营职能分开，打破民航总局的垄断局面。将原民航北京、上海、广州、西安、成都、沈阳6个地区管理局的航空运输和通用航空相关业务、资产和人员分离出来，组建了6个国家骨干航空公司（中国国际航空公司、中国东方航空公司、中国南方航空公司、中国西北航空公司、中国西南航空公司和中国北方航空公司），同年还成立了中国通用航空公司。

1982年，民航总局组织人力修订了1975年颁发的《中国民用航空工程机务条例》。1983年10月，《中国民用航空机务工程条例》颁发，这部于1984年1月1日开始执行的条例，共八章两百四十余页，包含了航空器的初始适航管理、持续适航管理以及航空维修人员管理，还涉及劳动保护和事件调查。这部条例具有重要历史意义，是中国民航在全面对接国际民航先进适航管理理念后颁布的，首次以规章的形式明确了"以可靠性为中心"的要求，使中国民航维修基础理论与国际主流接轨，并新增了维修单位生产许可证和维修人员执照的颁发程序等。可以说，中国民航现代适航管理就是从这部条例开始起步的。

同一时期，民用航空器维修人员的体系化培养和执照制度开始推行。从1978年开始，民航各管理局、各飞机修理厂技校开始招收学员，培养内外场急需的机务人员。1978—1985年，共计1000余人从技校毕业。民用航空器维修人员执照制度是《国际民用航空公约》和各国民用航空管理部门普遍实施的一项制度。1985年5月，民航局航空工程司组织，编印《民用航空器机体和动力装置维修人员指南》和《维修人员笔试题汇编》等学习文件后，在中国民航学院举办了第一期维修人员执照培训班，并为首批通过的30名学员颁发了维修人员基础执照。维修人员执照制度在这一年作为一项正式制度纳入机务维修体制改革措施，对民航机务人员素质的提高具有深远影响。

1986年3月，时任中国民航总局局长胡逸洲率团访问美国，与美国联邦航空局（Federal Aviation Administration，FAA）签署了《中美航空技术合作协议》。10月8日，美国联邦航空局向中国民航北京维修基地颁发了7个项目的维修许可证，这是中国民航首次取得飞机维修国际认证。

为了使适航管理工作有法可依，民航总局参照国际民航组织、美国联邦航空局（FAA）以及世界其他相关民航适航法规，结合中国实际情况于1986年10月印发《中国民用航空条例——适航管理暂行规则》（简称《暂行规则》），

《暂行规则》确立了六大证件，即型号合格证及型号批准书、生产许可证、国籍登记证、适航证、维修许可证和维修人员执照，将民用航空器的管理从使用、维修扩展到设计、制造环节，为民用航空器适航管理贯穿设计、制造、使用、维修到寿命终止的全过程打下了基础，也为1987年的《中华人民共和国民用航空器适航管理条例》的颁布奠定了基础。

1987年12月，为适应国内航空市场的需要，民航上海飞机维修厂与上海管理局航材处及航材库合并，成立东航飞机维修工程部，初始员工779人。

经过三十多年的发展，中国民航机队从最初的几十架活塞飞机，转变为拥有波音747、737等先进客机的机队。政府在机库、厂房、试车台、维修工装等方面也加大投入，至80年代中期，已经能满足民航八种主要运输飞机的维修。但与同时期国际同行相比，中国民航机务部门仍处于初级阶段，只能进行较低级别的维修工作，发动机和附件的维修能力较低。基础设施薄弱、维修管理水平不高、飞机停场时间过长是这一时期民航维修的典型特点。

### （三）现代适航管理时期

- 1987至今，为现代适航管理时期。

随着国际航线日益增多，引进国外大型航空器和航空租赁出现高潮，中国民航需要在航空器维修、合格审定等方面行使国家主权。1987年5月，国务院颁布《中华人民共和国民用航空器适航管理条例》，该条例规定民用航空器的适航管理由中国民用航空局负责，承担在中华人民共和国注册登记的民用航空器的维修业务，必须向民航局申请维修许可证，维修技术人员必须考核合格并取得执照或者相应的证明文件后，方可从事民用航空器的维修及放行工作。中国民用航空局授权当时的航空工程司负责适航管理工作，同时对外更名为航空器适航管理司。该条例还将原来由航空定型委员会和航空工业部主要负责的设计定型、生产批准等工作，调整为中国民用航空局负责。《民用航空器适航管理条例》的颁布，标志着国家法定适航管理的正式开始，中国民航维修进入现代适航管理时期。

1988年11月，时任民航局局长胡逸洲签发了CCAR-145部《维修许可审定》。该规章是中国民航全面了解、学习欧美等先进适航管理理念后颁布的，吸收了美国联邦航空规章和国际标准化组织全面质量管理(TQC)相关理念，首次提出了民用航空器维修单位必须符合的"五三"原则，"五"指厂房设施、工具设备、技术文件、人员和器材；"三"指申请人必须建立严格的质量、工程和生产三个控制系统。在质量系统内，要求设置专职检验人员，实施入库检验、工序检验、最终检验和放行。该版规章将维修单位分为"国内维修单位""国外维修单位"和"地区维修单位"，并确立了维修许可证申请、颁发的一般规则。在维修分类上，该版规章吸收了美国联邦航空规章第145部的分类方法，将维修类别分为机体、动力装置、螺旋桨、无线电设备、仪表、附件六大类别和有限项目类别。

1989年6月，中国民航与联邦德国汉莎航空公司签订《技术合作的谅解备忘录》和技术合作合同。8月1日，中国国际航空公司与联邦德国汉莎航空公司合资经营的北京飞机维修工程有限公司（Aircraft Maintenance&Engineering Corporation，AMECO）成立，成为中国首家合资飞机维修企业（Maintenance，Repair & Operations，MRO）企业，中国国际航空公司股权为60%，联邦德国汉莎航空公司股权为40%。10月28日，民航广州管理局与美国洛克希德国际飞机服务公司、香港和记黄埔（中国）有限公司合资经营的广州飞机维修工程有限公司（Guangzhou Aircraft Maintenance Engineering Company Limited，GAMECO）成立，民航广州管理局股权为50%，美国洛克希德国际飞机服务公司、香港和记黄埔（中国）有限公司两方股权各占25%。

1989年11月，民航局按照国务院机构编制委员会审议批准的三定方案，在原航空工程司的基础上设立航空器适航司，授权其具体负责民用航空器适航管理工作，下设适航标准处、适航工程处、适航检查处、适航联络处和维修协调处5个业务处。同时还新设立了飞行标准安全监察司。

1991年2月，民航局发布《民用航空器维修人员合格审定的规定》(CCAR-65部)，这是中国民航第一部管理民用航空器维修人员执照的规章。1993年

2月，时任民航局局长蒋祝平签发了CCAR-145部第一次修订，并更名为《民用航空器维修许可审定的规定》。本次修订，确立了六大类维修工作类别和八大类维修项目类别，并加入了"维修单位手册"的概念，增加了"制造厂维修单位"，明确了维修证明文件的形式。

1993年4月，民航局由副部级调整为正部级，并改名为中国民用航空总局，属国务院直属机构。1994年6月，国务院办公厅印发《中国民用航空总局职能配置、内设机构和人员编制方案》，方案确定民航总局"负责民用航空器适航管理，组织有关部门颁发或吊销民用航空器型号合格证、生产许可证、适航证、国籍登记证和维修许可证、维修人员执照。负责民用航空飞行技术管理，制定并监督执行飞行标准，颁发或吊销飞行人员执照"。民航总局下设的航空器适航司负责审核、颁发或吊销民用航空器维修单位许可证和维修人员执照工作，负责民用航空器运行适航和安全状态的监督。

1995年12月，民航总局对《民用航空器维修人员合格审定的规定》进行第一次修订。1997年，民航总局发布《民用航空维修技术人员学校合格审定规定》，这是民航局发布的第一部规范民用航空器维修人员培训机构的规章。

进入20世纪90年代，民航法规开始走向系统化。1996年3月颁布实施的《中华人民共和国民用航空法》(简称《民用航空法》)对民用航空器国籍、民用航空器权利、民用航空器适航管理、航空人员、民用机场、空中航行、公共航空运输企业、公共航空运输、通用航空、搜寻援救和事故调查、对地面第三人损害的赔偿责任、对外国民用航空器的特别规定、涉外关系的法律适用、法律责任等民航涉及的各方面管理工作都做了规定。《民用航空法》为维护国家的领空主权和民用航空权利，保障民用航空活动安全和有秩序地进行，保护民用航空活动当事人各方的合法权益，促进民用航空事业的发展，提供了重要的依据，也从法律层面规范了民用航空器的适航管理，明确了必须申领的型号合格证、生产许可证、维修许可证、型号认可证、适航证、出口适航证等证件以及必须取得执照的民用航空器维修人员。

2001年12月，时任民航总局局长刘剑锋签发了CCAR-145部第二次修订，更名为《民用航空器维修单位合格审定规定》，将中国民用航空规章与FAA、JAA等民航当局相同规章进行充分对应。对维修项目类别进行了调整，取消了质量系统的检验和检验人员的规定，引入"三大经理"概念，增加了培训系统和培训设施要求。因全国人民代表大会在1996年通过了《中华人民共和国行政处罚法》，本次修订还增加了"罚则"章节。为适应民航发展需求，同月民航局对《民用航空器维修人员合格审定的规定》进行改版，名称修改为《民用航空器维修人员执照管理规则》，编号修订为CCAR-66。

同年，根据民航事业发展需要，为符合现代适航管理体系的要求，民航总局按照国际惯例对总局管理部门按照初始适航管理和持续适航管理进行了机构调整，将民用航空器运行适航和安全监督、维修单位、维修人员的管理职能从适航司调整至飞标司，至此飞标司作为航空器持续适航管理部门，承担从飞行、机务、航务等方面全面运行管理的职能。

为打破行政垄断，克服过度分散，规范市场竞争，发挥市场对民航资源配置的基础性作用，建立符合社会主义市场经济要求的新型民航体制，保证飞行安全和运输生产正常进行，更好地促进民航事业的健康发展，为现代化建设和社会公众服务，2002年3月国务院印发《关于民航体制改革方案的通知》，民航开始实施以政企分开、政资分离、机场属地化管理、改革民航行政和公安管理体制为主要内容的第三轮重大体制改革。这是1980年、1987年两次民航体制改革的延续和深化，彻底打破了长期以来高度集中的民航管理体制。此次改革以"政企分开，转变职能；资产重组，优化配置；打破垄断，鼓励竞争；加强监管，保证安全；机场下放，属地管理；提高效益，改善服务"为主要目标。

（1）对民航总局直属的9家航空公司进行联合重组，实行政企分开，形成3家大型航空集团公司。

（2）按照政企分开、属地管理的原则，对129个民用机场管理体制进行改革。

（3）按照集中统一的原则，改革民航空中交通管理体制，建立民航总局空管局—地区空管局—机场空管中心（站）为一体的空中交通管理体系。

（4）根据航空运输跨省、跨地区运作的特点，将原民航总局—地区管理局—省（区、市）局三级行政管理，改为民航总局—地区管理局两级管理。保留民航华北、华东、中南、西南、西北、东北和乌鲁木齐7个地区管理局，由民航总局授权，负责对所辖地区的民用航空事务实施行业管理和监督。

改革后，正式挂牌六大集团公司，分别是中国航空集团公司、东方航空集团公司、南方航空集团公司、中国民航信息集团公司、中国航空油料集团公司、中国航空器材进出口集团公司。民航总局下设7个地区管理局和26个省级安全监督管理办公室。除首都机场和西藏自治区内民用机场继续由民航总局管理外，其他机场下放省（区、市）管理。

2003年4月，民航总局印发《民航总局机关有关部门主要职责》和《民航总局机关各部门人员编制、司局级领导职数和内设初级机构方案》的通知。赋予飞标司起草航空器维修政策及标准并监督执行、民用航空器维修单位审定和监督检查、民用航空器维修人员资格管理和民用航空器运行评审等职责。

2005年8月，时任民航局总局局长杨元元签发了CCAR-145部第三次修订，这次修订吸收了人为因素的研究成果，增加维修人员体检和工作时间限制，强化了人员资格和培训要求，并根据行政处罚法，完善了处罚的名称和设定。本版修订，将"国内维修单位""国外维修单位"和"地区维修单位"合并为独立的维修单位，分离出"航空运营人的维修单位"。同年，民航局对CCAR-66部进行第一次修订。

2005年9月，民总航局对CCAR-147部进行修订，名称修改为《民用航空器维修培训机构合格审定规定》。2006年1月，民航总局发布《维修和改装一般规则》（CCAR-43部）。

2006年3月，国际民航组织理事会通过了对附件6"航空器运行"的修订，增加了国家要求航空运营人实施安全管理体系的要求。2007年3月，民航总局下发《关于中国民航实施安全管理体系（SMS）建设的通知》。

2007年4月，中国民航维修协会在北京成立。这是继中国航空运输协会、中国民用机场协会之后，我国民航成立的第三家行业协会组织。中国民航维修协会的成立，在政府与企业之间发挥着桥梁和纽带作用，为促进维修业的对内对外交流合作搭建了一个平台。

2007年10月，党的十七大报告提出"大部制"改革的思路。2008年3月，中国民用航空总局由国务院直属机构改制为部委管理的国家局，同时更名为中国民用航空局。

2007年2月，中国大飞机项目正式立项。2008年5月，中国商用飞机有限责任公司（COMAC）在上海成立。2015年11月，中国首架国产喷气式支线客机ARJ21-700交付。2017年5月，国产大型客机C919成功首飞。中国民航的适航管理从维修起步，正式与欧美巨头形成"共竞蓝天"的设计、制造、使用和维修全面适航管理。

2016年4月，民航局对CCAR-66部进行第二次修订。

2018年1月，民航局公布首批民航重点实验室和民航工程技术研究中心认定名单。民航维修工程技术研究中心、民航航空器适航审定技术重点实验室和民航飞机健康监测与智能维护重点实验室名列其中。

2019年4月和7月，民航局飞标司分别发布了《航空器拆解》《多地点维修单位和异地维修》两部咨询通告。《航空器拆解》将以返回使用为目的的航空器拆解归类为"民航局认可合理的其他维修工作类别"，指导和规范飞机拆解部件返回使用活动的管理，以在确保飞行安全的基础上支持国内航空器拆解行业的发展。《多地点维修单位和异地维修》针对多地点维修单位，创立了"多证合一、一证分签、航线统一取证"的新监管模式，方便航空公司整合维修资源，实现合理布局，有效提升了维修资源的统筹调配。中龙欧飞飞机维修工程有限公司和北京飞机维修工程有限公司分别获得首张"飞机拆解"维修许可证和"多证合一"维修许可证。

2020年5月，民航局对CCAR-66部进行第三次修订。

2022年2月，交通运输部部长李小鹏签发CCAR-145部第四次修订，更名为《民用航空器维修单位合格审定规则》。同月，CCAR-147部第一次修订发布。

新中国成立七十余年来，中国民用航空维修逐步建立起局方立法和监管、企业运营的现代管理制度，以及齐全的规章体系。截至 2022 年 12 月 31 日，中国民航批准的 CCAR-145 维修单位共计 904 家，其中国外维修单位 470 家、国内维修单位 434 家；批准 CCAR-147 维修培训机构 128 家，其中国内 108 家、国外 20 家；持有 CCAR-66 民用航空器维修人员执照的从业人员 68992 人；能够完成从大型商用飞机到小型私人飞机、从部件到整机、从检测到改装等全方位的民用航空器及零部件维修工作。

## 二、中国民航维修规章发展历史

经过七十余年的发展，中国民航已建立起 1 部法律、27 部行政法规和 15 编 400 部部门规章的三级法律体系（见图 1.1）。另外，为了落实法律、行政法规和部门规章的有关规定，民航局各部门可在其职责范围内制定，并经民航局局长授权的职能部门主任、司长、局长签署下发规范性文件。2019 年 5 月，民航局印发《民航局行政规范性文件合法性审核管理规定》，当前以"民航规"印发的规范性文件均具有强制力。

（1）法律。

法律由全国人民代表大会或全国人民代表大会常务委员会制定。1995 年 10 月 30 日，第八届全国人民代表大会常务委员会第十六次会议通过的《中华人民共和国民用航空法》是民用航空法律体系的第一层级，该法是我国第一部规范民用航空活动的法律，是我国民航发展的重要里程碑之一。《民用航空法》是民用航空法律体系的龙头，也是制定民用航空行政法规和部门规章的母法。

（2）行政法规。

行政法规由国务院根据宪法和法律制定。1987 年 5 月 4 日发布、1987 年 6 月 1 日实施的《中华人民共和国民用航空器适航管理条例》是民用航空法律体系第二层级中的一项行政法规。该行政法规的颁布标志着国家法定适航管理工作的开始，根据该条例的规定，中国民用航空局代表中国政府对中国民用航空器的设计、制造、使用和维修实施全面适航管理，中国民用航空局授权航空器适航司具体负责民用航空器适航管理工作。

（3）部门规章。

国务院各部、委员会、中国人民银行、审计署和具有行政管理职能的直属机构，可以根据法律和国务院的行政法规、决定、命令，在本部门的权限范围内，制定规章。中国民用航空规章是国务院民用航空主管部门——中国民用航空局制定、发布的涉及民用航空活动的、专业性具有法律效力的管理规章，是民用航空法律体系的第三层级，凡从事民用航空活动的单位和个人都必须遵守其规定。《民用航空器维修单位合格审定规则》（CCAR-145 部）是民航局制定的部门规章中的一项，该规章于1988年发布了第一版，分别于1993年、2001年、2005年和2022年进行了四次修订。

（4）规范性文件。

规范性文件是民航局机关各职能部门（指厅、室、司、局），为落实法律、法规、民航局规章和政策的有关规定，在其职能范围内制定，经民航局局长授权由职能部门主任、司长、局长签署下发的有关民航管理方面的文件。规范性文件包含咨询通告、管理程序、管理文件、工作手册和信息通告等。

咨询通告 AC（Advisory Circular），是各职能部门下发的对民用航空规章条文所作的具体阐述。

管理程序 AP（Administration Procedure），是各职能部门下发的有关民用航空规章的实施办法或具体管理程序，是民航行政机关工作人员从事管理工作和法人、其他经济组织或者个人从事民用航空活动应当遵守的行为规则。

管理文件 MD（Management Document），是各职能部门下发的就民用航空管理工作的重要事项做出的通知、决定或政策说明。

工作手册 WM（Working Manual），是各职能部门下发的规范和指导民航行政机关工作人员具体行为的文件。

信息通告 IB（Information Bulletin），是各职能部门下发的反映民用航空活动中出现的新情况以及国内外有关民航技术上存在的问题进行通报的文件。

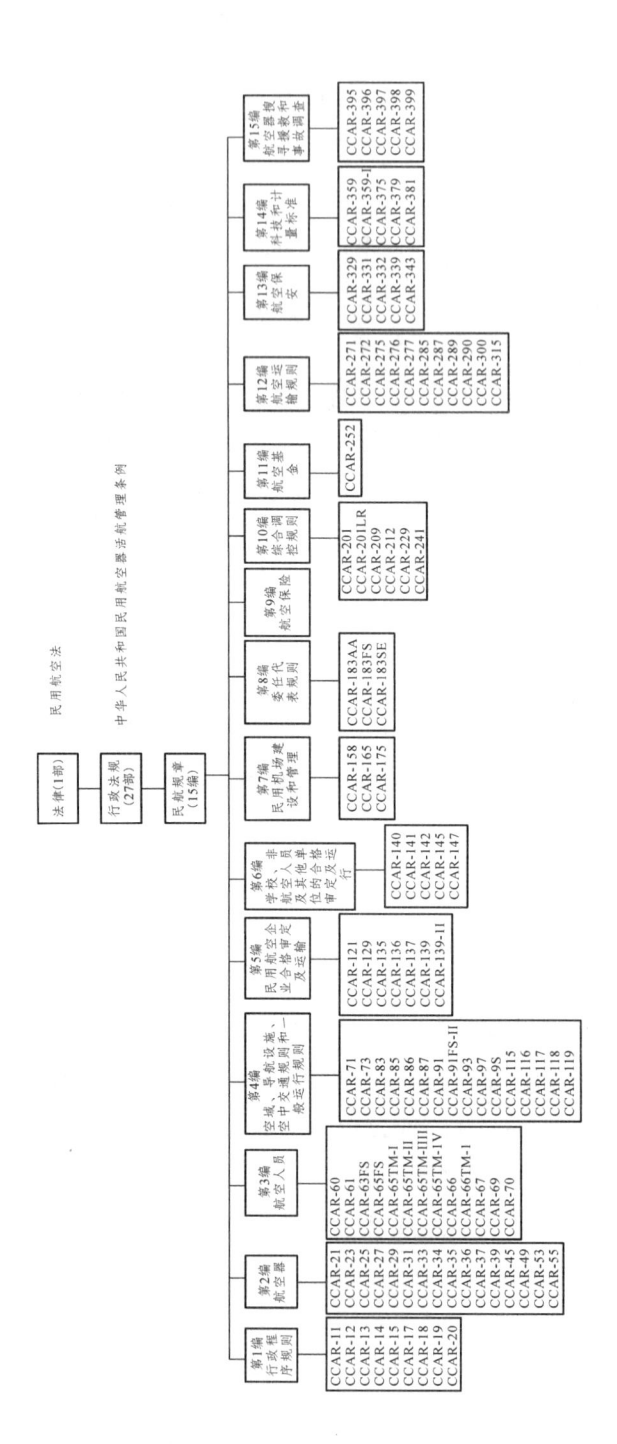

图 1.1 中国民用航空规章

# 第一章 中国民航维修的发展

中国民航维修法律法规以《中华人民共和国民用航空法》第四章第三十五条和第三十八条为依据，按照《中华人民共和国民用航空器适航管理条例》对维修单位、维修人员和加改装的要求，建立了当前以一部规章《民用航空器维修单位合格审定规则》为核心，配套16个有效咨询通告以及相关管理文件的法律法规体系（截至2023年12月）。最新有效的CCAR-145部及咨询通告见表1.1。

表1.1 最新有效的CCAR-145部及咨询通告

| 编号 | 名称 | 批准/生效日期 |
| --- | --- | --- |
| CCAR-145R4（交通运输部令2022年第8号） | 民用航空器维修单位合格审定规则 | 2022.2.11批准 2022.7.1生效 |
| AC-145-FS-001R1（民航规〔2022〕28号） | 国内维修单位的申请和批准 | 2022.8.2生效 |
| AC-145-FS-002R2（民航规〔2023〕18号） | 国外/地区维修单位申请指南 | 2023.5.10生效 |
| AC-145-3R1 | 民用航空器维修单位批准清单 | 2005.3.15生效 |
| AC-145-4 | 维修记录与报告表格填写指南 | 2003.2.9生效 |
| AC-145-5 | 维修单位手册编写指南 | 2003.5.22生效 |
| AC-145-FS-006 R3（民航规〔2019〕47号） | 航空器航线维修 | 2019.8.27生效 |
| AC-145-7 | 航空器部件维修 | 2003.2.9生效 |
| AC-145-FS-008 R1（民航规〔2023〕13号） | 航空器及其部件维修技术文件 | 2023.4.6生效 |
| AC-145-10 | 维修单位的自制工具设备 | 2003.2.9生效 |
| AC-145-11 R1 | 与香港民航处、澳门民航局的联合认可 | 2004.5.17生效 |
| AC-145-12 | 航空器机体项目维修类别限制 | 2003.7.2生效 |
| AC-145-FS-013 R2 | 维修单位培训大纲的制定 | 2022.6.7生效 |
| AC-145-14 | 维修工时管理 | 2011.11.7生效 |
| AC-145-FS-015 R1 | 维修单位的质量安全管理体系 | 2022.6.7生效 |
| AC-145-FS-016 R2 | 多地点维修单位和异地维修 | 2019.7.5生效 |
| AC-145-FS-2019-017 | 航空器拆解 | 2019.4.22生效 |

民用航空立法的国际性，决定了世界各国在立法时都十分重视相互之间的学习和借鉴，力图在法律制度上协同一致，以保证航空器能够在各国间顺利运行。中国民航关于民用航空器维修的规章也是在学习借鉴国外先进经验后不断完善出来的，学习借鉴不是简单的照抄，而是在深入研究的基础上，按照我国民用航空器维修实际需求，建立中国特色的民用航空器维修规章。

关于民用航空器维修的规章，最早可以追溯到1959年6月5日颁发的《中国民航机务条令》（见图1.2）。这部条令是新中国成立后，关于民航维修颁布的第一部规章。该条令共六章七十三项六百零八条，涵盖了民航机务工作的组织与制度、民航管理局（航校）及航空站机务人员职务规程、飞机的地面技术应用规则、飞机维护工作的基本规章、飞机特种设备合并的维护规则和技术文件等内容。该条令制定时，正值中国民航由英美维修模式向苏联维修模式转变，条令中大量吸收了苏联民航管理理念，如维护和修理分开。

图 1.2 《中国民航机务条令》

该条令将民航机务工作划分为民航局、地区管理局和省（自治区）管理机构三级，民航局组织全国民航的机务工作，地区管理局组织所辖地区的机务工作，省（自治区）组织本省（自治区）地方航线和农业飞行的机务工作。

该条令将机务维修组织分为五种组织形式，分别为维修厂、基地航空站的维护组织、航空站的维护组织、每架飞机配备固定机位人员的维护组织和兼作维护工作的飞机修理厂内的维护组织。维修厂部门的设置包含了飞机维护车间、飞机特种设备维护和修理车间、飞机/发动机及附件的修理车间、生产准备车间、技术检验室、技术室、生产调度室、经济计划室、航材库及工具间。

该条令将飞机维护工作分为六类，分别为短时期停留（短停）维护、飞行后维护、飞行前维护、定期维护、飞机封藏维护（包含库存发动机、特设及零附件的重新封藏及定期检查）、特种包机的维护。定期维护一般设置 25 小时、50 小时、100 小时、200 小时维护及更换发动机等数种。

由于接连发生多起飞行安全事故，1961 年 7 月 29 日，民航总局党委印发《关于总结保证飞行安全经验和保证飞行安全工作的几点指示》，提出加强安全工作的若干措施。9 月 2 日，民航总局印发《关于编写民航各种条令、条例、规章的规定》，成立条例编写办公室，确定编写飞行领航、飞行训练、机务、通信、运输、专业、财务、气象、供油等各个方面规章及教材六十八种，对民航业务建设起到重要作用。

1965 年，时任局长邝任农和政治委员刘锦平签发《中国民用航空工程机务条例》，该条例共六个章二十节一百零八条，包含了总则、航空技术装备的使用管理、航空技术装备的维护、航空技术装备的修理、安全技术管理和工程机务人员的培养教育。相对 1959 年版，该条例去除了大量维修实施的内容，将全国机务工作分为总局、大区管理局（航空学校）、省（自治区）管理局和航空站四级管理机制。总局负责领导全局工程机务工作的建设，确定全局工程机务工作的任务，制定航空技术装备各项使用、维修的技术条件，掌握重要工程机务设备的调拨分配，组织与有关部门的协作，计划安排全局飞机、发动机、特种设备等的大修。大区管理局（校）负责领导本局（校）工程机务工作的建设，确定所属单位的维修任务，管好所属单位的维修工作，计划安排本局（校）飞机的中修。省（自治区）管理局负责领导本局工程机务工作的建设，管好所属单位的工程机务保障工作。航空站负责驻站和过站飞机的维护工作。

该条例将机务维修组织分为工程机务部门和工程机务维修单位。工程机务部门包括机务局、机务处、机务科，工程机务维修单位包括航空修理工厂、基地修理厂、工程机务大队、工程机务中队、工程机务分队。该条例将飞机维护工作分为维护和修理两个大类，维护包含飞行的机务准备、周期维护、特种设备的维护、不同自然条件下的维护、专机飞行的工程机务保障工作、专业飞行的工程机务保障工作、训练飞行的工程机务保障工作。修理分为大修、中修和小修。对于维修单位的管理部门，则设置了生产管理、技术管理、质量检验和监督、备件/工具设备的生产、安全技术管理。

1975年，民航总局指挥部[①]发布《中国民用航空机务条例》。这部条例是中华人民共和国恢复参加国际民航组织活动后，颁布的第一部关于维修的条例。这部条例共十三章一百九十五条，包含了机务维修的组织实施、航前航后、外场修理、定检、结构修理、动力装置维护、特种设备维护、换季、技术资料管理、安全防护、人员培训等。该条例继承了1965年版《中国民用航空工程机务条例》的"统一领导、分级管理"的管理机制，实行总局、大区管理局（航空学校）、省（自治区）管理局和航空站四级管理制。将机务维修组织分为机务部门和机务维修单位，机务部门主要包括总局机务处、工厂管理处、管理局（校）机务处、省区局机务科、飞行总队机务处，机务维修单位主要包括航空修理工厂、航修厂、机务大队、机务中队、机务分队等。将飞机维护工作分为飞行的机务准备、周期维护、飞机的外场修理、机体/动力装置的维护、飞机特种设备的维护、不同自然条件下的维护。相对于1965年

---

① 1980年以前，民航局归属军队建制，设置指挥部、政治部、后勤部和工程部四大部。

版《中国民用航空工程机务条例》，该条例使用一个章节十三条内容，明确了各级机务干部的职责，使机务管理责任更明晰、条理更清楚。

以1975年《中国民用航空机务条例》为基础修订，1983年10月颁发、1984年1月开始执行的《中国民用航空机务工程条例》是中国现代适航管理规章的典型代表。在该条例颁布前，中国民航的维修管理一直沿袭二十世纪五六十年代苏联民航体制，处处体现"规定寿命"这一指导思想，随着维修任务的迅速增长，原有维修管理理念已不能适应迅速增长的维修任务，中国民航通过不断学习和实践，以可靠性为中心的维修体制逐渐形成。该条例共八章两百四十余页，包含了机务组织、维修管理、业务教育、地面安全、劳动安全和保护、事故处理和紧急撤离等，内容覆盖当前中国民用航空规章的CCAR-21部、CCAR-39部、CCAR-43部、CCAR-45部、CCAR-145部、CCAR-395部、民航行业标准和《中华人民共和国劳动法》等。该条例制定时，正值民航系统实施以政企分开、简政放权的改革。改革前，我国民航运输业由民航局统一管理和经营，集航空运输、机场、航空管制等功能于一体，面对日益发展壮大的民用航空事业越来越不适应，与发达国家相比还很落后，航空运输量在全国交通运输总量中所占比重很小，专业航空的应用范围也还不广泛，经营管理水平不高，飞机、通信导航等各项设备和基础设施陈旧，服务设施不够完善，人员素质和服务质量还存在不少的问题，远不能适应"四化"建设的需要。因此，80年代的民航系统启动管理体制改革，推动形成政府和企业间的新型关系。民航局作为主管民航事务的部门，行使行政管理职能，不再直接经营航空运输。各类民航企业从原来所属的行政部门独立出来，作为独立核算、自负盈亏的经济实体。此次改革，还将民航的行政四级管理改为三级管理，即民航局、省/自治区/直辖市局、航站，并推动除国际机场和国内主要干线机场外的民用机场下放给地方。同时，为适应同时期民用飞机研制的需要，1980年经国务院原机械委和国防工办批准，在原航空工业部组建"中国适航性研究管理办公室"。1982年，由原航空工业部组成的专家代表团，对美国联邦航空局（FAA）、加拿大航空运输局（CATA）进行考察，逐步开展适航审定工作。

面对国际接轨和民航体制改革的需求，该条例吸收了最新的维修管理思想，首次以法规的形式提出维修"以可靠性为中心"的要求、贯彻"质量第一"的原则，使中国民航维修基础理论与国际主流接轨。该条例将机务组织分为航空机务工程部门和维修单位。航空机务工程部门主要负责制定规章制度并监督执行、颁发维修单位生产许可证、受理航空器注册登记、颁发《维修人员执照》等。维修单位负责组织、实施对航空技术装备的维护和修理。条例将维修单位分为一、二、三、四共四个级别，对于一、二级维修单位，要求建立生产计划、质量控制、工程技术、记录和统计、劳动安全、训练和科技等管理部门，并纳入《维修单位工作手册》。在厂房设施、维修和技术管理人员、规章制度、工作手册等方面，也对维修单位提出了专门要求。该条例首次提出了对维修单位许可证和维修人员执照的要求，确立了《维修单位生产许可证》和维修人员执照的颁发程序和管理规则，要求新建立的维修单位，必须按本条例的规定，正式办理《维修单位生产许可证》申请，取得证书后，方可从事合法的维修活动。该条例还确立了民用航空器国际登记证、民用航空器适航证的颁发程序和管理规则，以及适航指令、机务通告、服务通告等文件的制定和处理。这部条例具有重要历史意义，可以说中国民航现代适航管理就是从它开始起步的。

1987年5月4日，国务院颁布《中华人民共和国民用航空器适航管理条例》（简称《适航管理条例》），于当年6月1日起施行。《适航管理条例》共29条，对以确保飞行安全为目的民用航空器的设计、生产、使用和维修实施的技术鉴定和监督，作了全面规定。并授权中国民用航空局负责民用航空器的适航管理。

1988年11月2日，时任民航局局长胡逸洲签发了CCAR-145部《维修许可审定》，该版CCAR-145部包含总则、维修类别、国内维修单位、国外维修单位和地区维修单位、制造厂的维修许可、维修许可证的申请/颁发和一般规则和附则七个章节。该规章的制定，正值民航体制改革和《适航管理条例》

颁布实施，现代适航管理在中国推行，这部规章吸收了美国联邦航空规章和国际标准化组织全面质量管理（TQC）相关理念，并结合1984年1月适航司的《机务工作条例》，首次提出了维修单位必须符合的"五三"原则，"五"指厂房设施、工具设备、技术文件、人员和器材；"三"指申请人必须建立严格的质量、工程和生产三个控制系统（民航局监管核心）。该版规章参照美国联邦航空规章第145部维修单位分类方法，将维修单位分为"国内维修单位""国外维修单位"和"地区维修单位"，增加了中国特色的航线维修单位，并确立了维修许可证申请、颁发的一般规则。在维修类别分类上，该版规章吸收了美国联邦航空规章第145部的分类方法，将维修类别分为机体、动力装置、螺旋桨、无线电设备、仪表、附件类别六大类别和有限项目类别。

1993年的第一次修订，在1988年《维修许可审定》的基础上，参照国际上相关规章并结合我国现状，吸收了国际民航组织和欧洲民航机构的立法经验，从编写格式到内容进行了全面更改。将CCAR-145部更名为《民用航空器维修许可审定的规定》，结构调整为总则、维修类别、维修单位手册、维修单位和附则五个章节。本次修订，确立了六大类维修工作类别，并将"维修单位手册"作为一单独的章节，强化维修单位手册的作用。对于维修单位，则增加了"制造厂维修单位"。本次修订确立了这部规章当前的基本结构和框架。

20世纪90年代后期，随着我国航空器数量和型号的快速增长，民航总局批准的国外和地区维修单位大量增加。国内也有一大批民营、外资和合资维修企业迅速崛起，不但形成了一个独立于航空运营人的产业，也初步具备了进入国际维修市场的条件。同时，中国民航适航管理也渐趋国际化，国际民航组织在对我国的持续适航管理进行评估时提出了相应管理法规同国际接轨的要求。随着《民用航空器运行适航管理规定》（CCAR-121AA-R1）及《民用航空器维修人员合格审定的规定》（CCAR-65AA-R1）的相继颁布施行，需要对已实施7年的CCAR-145部进行修订以协调各规章之间的规定。2000年初，民航总局开始准备并收集有关资料和意见，2000年8月完成初稿，2000

年 9 月在北京召开了各地区管理局参加的修订研讨会，并在此基础上形成了征求意见稿；2001 年 2 月下发征求意见稿 180 份，向各民航地区管理局、航空公司、维修单位和航站等征求书面意见；2001 年 5 月又在北京召开了各民航地区管理局、航空公司、维修单位和航站等单位代表参加的修订研讨会，根据会议讨论结果对修订稿进行了进一步修改。2001 年 10 月召开规章修订审查会上，并通过了审查。2001 年 12 月 21 日民航总局局务会议通过，2003 年 1 月 1 日起实施。

2001 年的第二次修订，将 CCAR-145 部更名为《民用航空器维修单位合格审定规定》，将中国民用航空规章与 FAA、联合航空局（Joint Aviation Authorities, JAA）等民航当局相同规章进行充分对应，并符合国际民航组织的要求。完善原有的 CCAR-145 部规章体系，充分考虑与 CCAR-121AA-R1、CCAR-65AA-R1（计划改为 CCAR-66）等有关规章的协调，将有关程序、咨询通告和适航管理文件中的规范性内容充实到修订的规定中。对国外和地区维修单位的维修许可证的有效期限进行了调整，以适应维修单位变化控制的需要。对维修项目类别进行了调整，取消了质量系统的检验和检验人员的规定，以适应质量管理发展的需要。引入"三大经理"概念，增加相关定义和要求，以与 CCAR-66 部协调及加强对管理人员的控制。增加了培训系统和培训设施要求，以适应加强维修人员素质的需要。维修工作准则的内容进行了调整，并增加了人为因素和防止外来物的要求，以适应加强维修过程控制的需要。进一步明确了维修放行的形式，以规范维修放行行为。增加了处罚条款，以加强对违章行为的管理力度。修订后，规章共六章三十九条以及八个附件。

由于 2004 年 7 月 1 日我国行政许可法颁布实施，CCAR-145R2 中关于申请受理和批准的期限需要按照行政许可法进行修订，另外根据民航总局对维修人为因素研究的成果和加强维修人员培训管理的要求，需要将有关的政策在 CCAR-145 部中明确。2004 年，民航总局启动了 CCAR-145 部第三次修订。2004 年 5 月集中向公众征求了意见，共收到反馈意见或建议 87 条，在修订中采纳了45条。2004年6月，在北京召开的规章修订研讨会上，通过了本次修订的内容，最后形成修订报批稿。2005年8月22日，民航局总局局务会议通过。2005年9月27日，时任民航总局局长以局长令的形式批准了此次修订并予以发布。

2005年的第三次修订，吸收了人为因素的研究成果，增加维修人员体检和工作时间限制，强化了人员资格和培训要求。并据行政许可法的有关要求，修订或明确对维修许可批准申请人的申请受理、审查、批准的时限要求。根据行政处罚法，完善了处罚的名称和设定。本版修订，将"国内维修单位""国外维修单位"和"地区维修单位"合并为独立的维修单位，分离出"航空运营人的维修单位"。

2007年，中国民航运输规模达到世界第二，运输总周转量365.3亿吨公里，机队规模1134架。之后中国民航快速发展，至2019年，机队规模已达3818架，运输总周转量1293.25亿吨公里。"十四五"时期，民航全面开启了多领域民航强国建设新征程。面对新的发展形势，2022年民航局对CCAR-145部进行第四次修订，将名称更改为《民用航空器维修单位合格审定规则》（简称《规则》）。该次修订的主要内容包括：

（1）根据"放管服"精神明确了监管措施。《规则》结合行业监管实际规定了维修单位应当向局方提供的年度报告内容；规定局方结合维修单位有关情况变化开展监督检查工作。根据国家信用监管有关要求，规定了信用管理专门条款。对于有多个维修地点的维修单位，要求其建立统一管理和手册体系。将维修放行人员的能力要求与修订后的《民用航空器维修人员执照管理规则》关于维修人员的要求相衔接。在维修单位保持持续工作、运行管理不发生变化的情况下，明确无须每两年对工作人员进行再培训。

（2）明确了维修单位的基本条件和管理要求。对维修单位开展维修活动必需的厂房设施、设备器材、人员配置、技术文件、维修单位手册，以及在维修过程中形成的维修记录、维修放行证明、缺陷和不适航状况报告等具体事项作出了技术性规定。

（3）按照新修订的行政处罚法要求设定了法律责任。结合行业监管实践，对维修单位不能持续合规、不满足技术性要求、不如实报告信息等确有必要设定处罚措施的情形，根据修订后的行政处罚法明确了相应的法律责任。

## 三、民航维修理论的发展

### （一）定时预防性维修思想

民航定时预防性维修的思想来源于工业体系。第二次世界大战后，工业需求导致设备机械化程度明显提高，传统的随坏随修造成的设备停机成为影响工业生产的重要问题。通过对机械设备故障规律的研究，人们认识到设备随时间的增加有早期失效期、偶然失效期和损耗失效期，对设备的定时预防性维修逐渐成为共识。定时预防性维修思想主要表现为对设备定期的翻修，翻修间隔越短、范围和深度越大，设备就越可靠。由于早期的航空器坠毁率相对较高，为避免航空器的故障，航空器设计和维修工程师基于工业体系经验，认为所有的部件都遵循着"浴盆曲线"的故障模式（见图 1.3），相信"故障的发生发展都与时间有关；多做维修工作可以预防故障；每个产品都存在耗损区，采用单一的定时预防性维修方式可以预防故障"。

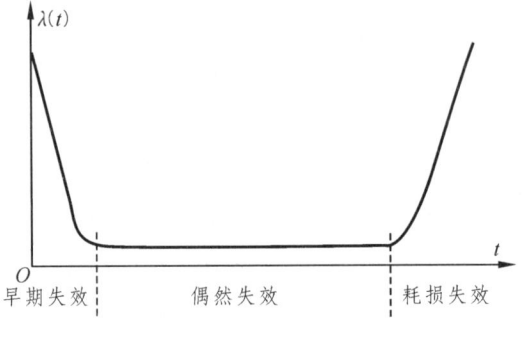

图 1.3 浴盆曲线

针对"浴盆曲线"故障模式的定时预防性维修，可根据技术参数或历史经验，判断损耗失效的拐点，在该部件拐点到来之前提前进行更换或维修，以避免部件在使用中出现故障。定时预防性维修的好处是可以提前规划维修工作，对易损件进行修复或提前更换，保证整个系统的可靠性和安全水平稳定在一定区间。

20世纪50年代至60年代，随着大型商用飞机在民用航空交付使用，定时预防性维修在实际应用中存在的"过度维修"问题越来越突出。人们发现，无论维修活动进行得多么充分，很多故障也不能有效减少和防止。民航商业运输公司开始对许多维护任务的必要性表示怀疑。

### （二）以可靠性为中心的维修

20世纪60年代，波音公司提出了一种新的飞机设计方案——波音747，其载客量是当时波音707最大机型的3倍。依据定时预防性维修思想，美国联邦航空局认为其维修成本和时间也将是波音707机型的3倍，波音747型客机在经济上根本不可行。为了解决这一问题，美国联邦航空局、美国联合航空公司和波音公司组建了一个维修指导小组（Maintenance Steering Group，MSG），重新检查为保持航空器空中安全飞行所做的一切。维修指导小组通过提出一项可接受的主动维修计划，证明了技术和经济的可行性，并最终获得了美国联邦航空局的认可。

美国联合航空公司在掌握其大量故障案例进行研究后，证明了非结构部件存在不止一种故障模式。基于230个非结构性部件建立的故障密度函数显示：

仅有11%的故障与工作时间相关，如图1.4（a）、（b）、（c）所示。图1.4（a）是前面描述的浴盆曲线；图1.4（b）表示老化模式，故障的可能性随着时间的增长而增加；图1.4（c）表示一种特殊的老化情况，其抗失效性能会随磨损、腐蚀和疲劳的加重逐渐下降。

绝大多数这样的故障都是自然随机分布的，如图1.4（d）、（e）、（f）所示。图1.4（d）显示了一种先快速老化，然后随机失效的模式，它通常出现在液压和气动系统中；图1.4（e）表明了一种完全随机失效的恒定故障率；

图 1.4（f）显示了最糟糕的一种情况——系统发生"夭折"，它通常是由大修或更换新部件等干预措施导致。

此外，只有 4% 的故障符合浴盆曲线。乐观点的话，可以合理地假设当时的维护计划有效的防止了大约 11% 的故障发生；而悲观地说，维修计划仅有 4% 的情况下是有效的，也就是说 96% 的情况下它们没有达到目标。这一发现具有里程碑式的意义。

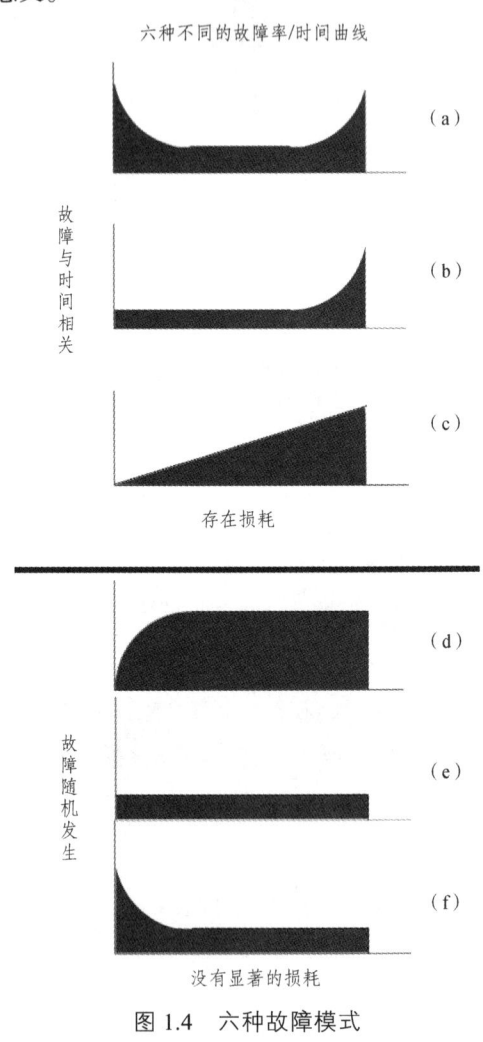

图 1.4　六种故障模式

维修指导小组编写了一本手册，介绍了为波音 747 飞机制定维修策略的方法，随后于 1968 年由美国航空运输协会（Air Transport Association，ATA）出版，并被命名为《维修的鉴定与大纲的制定》（MSG-1-1968），其基础是为维修策略选择而设计的决策图。文件的第二版称为 MSG-2，标题是《航空公司/制造商维修大纲制定书》，后来用于洛克希德 1011、道格拉斯 DC-10 和其他一些军用飞机上。MSG-2 定义了定时维修、视情维修和状态监控三种维修方式。同一时期，欧洲也编写了一个类似的文件，作为空中客车公司的 A-300 和协和飞机的初始大纲的依据。20 世纪 70 年代，该方法引起美国军方的重视，美国国防部（United States Department of Defense，DoD）委托联合航空公司编写了一份关于民用航空工业编写飞机维修大纲所采用的方法的报告，命名为《以可靠性为中心的维修》（Reliability Centered Maintenance，RCM），并在全军推广。1978 年，诺兰（Nowlan F.S。联合航空公司的维修分析总监）和希普（Heap H.F。联合航空公司的维修方案策划经理）合著了《以可靠性为中心的维修》[①]，书中正式推出了一种新的逻辑决断法-RCM 方法。它克服了 MSG-2 中的不足，明确阐述了逻辑决断的基本原理，对维修工作进行了明确区分，提出了更具体的维修工作类型。

1980 年，联合航空公司的报告后来被修改为 MSG-3，应用于波音 757 和 767 等新机型的维修过程。美国军方也在这一时期颁布了相关的指导标准，如 1985 年 2 月美空军颁布的 MIL-STD-1843，1985 年 7 月美陆军颁布的 AMCP750-2，1986 年 1 月美海军颁布的 MIL-STD-2173 等。1991 年，英国 Aladon 维修咨询公司的创始人莫布雷在多年实践 RCM 的基础上出版了全新阐述 RCM 的专著《以可靠性为中心的维修》[②]（简称 RCM Ⅱ）。1999 年，国际汽车工程师协会（SAE）颁布了 SAE JA1011 标准《以可靠性为中心的维修工艺评估标准》。

---

① F.S.诺兰和 H.F.希普《以可靠性为中心的维修》于 1982 年由中国人民解放军空军第一研究所翻译出版。
② J.莫布雷所著《以可靠性为中心的维修》于 1995 年由机械工业出版社翻译出版。

20世纪80年代，中国民航开始在行业推广以可靠性为中心的维修理念，1982年11月中国民航北京维修基地召开了首届维修管理和维修技术专题报告会，全面介绍了美、苏等国已广泛采用的"以可靠性为中心"的维修理论和MSG-2、MSG-3逻辑决断方法，以及"视情维修""状态监控"和"定时维修"相结合的维修方案所取得的经验和经济效益。1990年和1991年，民航局颁发基于RCM思想的AC-145-01《可靠性管理》和AC-121-03《民用航空器维修方案》，指导制订航空器维修方案。

### （三）全系统全寿命维修思想

随着计算机、互联网等高新技术在航空领域广泛使用，飞机系统的综合化程度和复杂程度越来越高。新技术、新理念在航空维修领域的不断出现和应用，促进航空维修思想和维修理论不断丰富发展。

航空维修的基本目标是保持最经济的资源消耗，恢复和改善民用航空器的可靠性和安全性。综合来看，随着航空装备复杂化、智能化、体系化程度的提高，必须抛弃过去那种从孤立的、局部的角度来认识和理解航空维修的思想观念。从有机联系、系统整体的观点来认识和观察航空维修的思想观念，建立具有使用和维修特色的航空维修系统工程。

#### 1. 全系统管理

航空维修由多个体系、多项要素相互配合、相互联系又相关制约的系统工程，设施、设备、器材、人员、技术文件等任一的缺失，都将影响航空维修的最终实施。当前，CCAR-145部要求维修单位建立工程技术系统、质量安全系统、生产控制系统和培训管理系统，通过对相关过程、活动和要素的统一规划、全面协调和系统管理，实现最终安全和经济平衡的最终目标。

#### 2. 全寿命管理

航空器作为集成多学科的复杂系统，由设计、制造、使用、维修、退役、拆解等一系列活动组成，对于维修应当统筹规划和科学管理，考虑性能、可靠性、维修性的相关协调，从设计阶段就应当考虑维修和拆解方面的问题，以确保在整个寿命期内，最大地发挥航空器作用。

3. 全费用管理

全费用管理指在有效寿命期内，设计、制造、使用、维修直至退役将要承担的直接或间接费用总和的管理，为航空装备的费用设计和经济性决策提供依据，指导航空维修以最经济的资源消耗完成。

# 第二章

# 中外民用航空维修规章的发展与联系

## 一、CCAR-145 部与国际民用航空公约

《国际民用航空公约》(简称《公约》)是各签署国政府为使国际民用航空按照安全和有秩序的方式发展,并使国际航空运输业务建立在机会均等的基础上,健康、经济地经营而缔结的公约。该公约于 1944 年 12 月 7 日在美国芝加哥订立,故又称其为《芝加哥公约》。1971 年 11 月,国际民航组织第 74 届理事会承认中华人民共和国为中国驻国际民航组织的唯一合法代表。1974 年 2 月 15 日,中华人民共和国政府函告国际民航组织,承认于 1944 年 12 月 9 日签署并于 1946 年 2 月 20 日交存批准书的该公约。1974 年 3 月 28 日公约正式对中华人民共和国生效。1997 年 7 月 1 日和 1999 年 12 月 20 日起,公约分别适用于中国香港和澳门特别行政区。

依据公约成立的国际民航组织(International Civil Aviation Organization,ICAO),由大会(最高权力机构)、理事会(管理机构)和其他必要的各种机构组成。理事会由 36 个成员国代表组成,由大会选举产生,任期三年,负责为国际民航组织的工作提供持续指导。理事会主要职责之一是通过国际标准和建议措施,并将其纳入公约的附件中。同时,为确保所有缔约国能够很好地执行这些国际标准和建议措施,国际民航组织还会以出版物的形式发布文献(Docs)、通告(Circulars)等。当前,公约共有 19 个附件,分别为:

附件 1 人员执照的颁发

Annex 1 Personnel Licensing

附件 2 空中规则

Annex 2 Rules of the Air

附件 3 国际空中航行气象服务

Annex 3 Meteorological Service for International Air Navigation

附件 4 航图

Annex 4 Aeronautical Charts

附件 5 空中和地面运行中使用的计量单位

Annex 5 Units of Measurement to be Used in Air and Ground Operations

附件 6 航空器的运行

Annex 6 Operation of Aircraft

  第一部分 国际商业航空运输—飞机

  Part I International Commercial Air Transport–Aeroplanes

  第二部分 国际通用航空—飞机

  Part Ⅱ International General Aviation–Aeroplanes

  第三部分 国际运行—直升机

  Part Ⅲ International Operations–Helicopters

附件 7 航空器国籍和登记标志

Annex 7 Aircraft Nationality and Registration Marsks

附件 8 航空器适航性

Annex 8 Airworthiness of Aircraft

附件 9 简化手续

Annex 9 Facilitation

附件 10 航空电信

Annex 10 Aeronautical Telecommunications

  第Ⅰ卷 无线电导航设备

  Volume Ⅰ Radio Navigation Aids

  第Ⅱ卷 通信程序（包括具有 PANS 地位的程序）

  Volume Ⅱ Communication Procedures including those with PANS Status

  第Ⅲ卷 通信系统

  Volume Ⅲ Communication Systems

  第Ⅳ卷 监视和防撞系统

  Volume Ⅳ Surveillance and Collision Avoidance Systems

  第Ⅴ卷 航空无线电频谱的使用

Volume Ⅴ　Aeronautical Radio Frequency Spectrum Utilization

第Ⅵ卷　与遥控驾驶航空器系统 C2 链路有关的通信系统和程序

Volume Ⅵ　Communication Systems and Procedures Relating to Remotely Piloted Aircraft Systems C2 Link

附件 11　空中交通服务

Annex 11 Air Traffic Services

附件 12　搜寻与救援

Annex 12 Search and Rescue

附件 13　航空器事故和事故征候调查

Annex 13 Aircraft Accident and Incident Investigation

附件 14　机场

Annex 14 Aerodromes

第Ⅰ卷　机场设计和运行

Volume　Ⅰ　Aerodrome Design and Operations

第Ⅱ卷　直升机场

Volume　Ⅱ　Heliports

附件 15　航空情报服务

Annex 15 Aeronautical Information Services

附件 16　环境保护

Annex 16 Environmental Protection

第Ⅰ卷　航空器噪声

Volume　Ⅰ　Aircraft Noise

第Ⅱ卷　航空器发动机的排放物

Volume　Ⅱ　Aircraft Engine Emissions

第Ⅲ卷　飞机二氧化碳排放

Volume　Ⅲ　Aeroplane $CO_2$ Emissions

第Ⅳ卷　国际航空碳抵消和减排计划（CORSIA）

Volume Ⅳ Carbon Offsetting and Reduction Scheme for International Aviation（CORSIA）

附件 17 保安：保护国际民用航空免遭非法干扰行为

Annex 17 Security—Safeguarding International Civil Aviation against Acts of Unlawful Interference

附件 18 危险物品的安全航空运输

Annex 18 The Safe Transport of Dangerous Goods by Air

附件 19 安全管理

Annex 19 Safety Management

在适航要求方面，国际民航组织分别从公约、公约附件和指导文件三个层级进行了规定。

公约第五章"航空器应具备的条件"第二十九、三十一、三十三、三十七、三十九和四十一条对航空器适航提出了最基本的要求，包含了三证要求、证书及执照的签注等。

公约附件 1"人员执照的颁发"对从事民用航空器维修的技术员、工程师、机械员进行了规定，颁发执照的维修人员必须年满 18 周岁，具备相适应的知识水平，具备相关经历，完成相适应的训练课程并具备履行执照授予权利的能力。

公约附件 6"航空器的运行"对运营人的维修责任等进行了规定，有关维修机构的要求索引至附件 8 第Ⅱ部分第 6 章。

公约附件 8"航空器的适航性"是有关"航空器适航性"的最低安全要求，是 ICAO 各缔约国搭建本国适航法规文件体系的依据和基础。第Ⅰ部分为定义；第Ⅱ部分的内容为适用于所有航空器的合格审定程序和持续适航（CCAR 21 部、145 部的立法依据），第Ⅱ部分第 6 章给出了批准的维修机构必须具备维修机构程序手册、维修程序与质量保障体系、维修设施、维修人员以及详细的维修记录等。并在第Ⅱ部分第 5 章给出了经批准的维修机构的安全管理要求。第Ⅲ至Ⅹ部分内容为已具有或需有适航证的不同类别民用航空产品的最低适航特性（CCAR-23 部、CCAR-25 部等规章立法依据）。

指导文件 Doc9760 "适航性手册"在其第Ⅲ"登记国"中规定了航空器登记（第 2 章）、适航证（第 4 章）、航空器维修（第 7 章）等。指导文件 Doc9859 "安全管理手册（SMM）"要求各缔约国对国内从事航空活动的个人和组织机构，应当确保建立成熟的安全监督体系，包括合格的技术人员进行许可、认证、授权和批准。指导文件 Doc7192 "训练手册"在其 D-1 部分规定航空器维修执照申请人训练课程方面的内容。

公约作为一部以主权国家为主体，规定国家之间关系的法律，具有国际性、平等性、自愿性和合作性的特点。国际性指公约涉及国家之间的关系，平等性指公约以国家主权和平等为基础，自愿性指国家在公约上的行为是自愿的，合作性指公约倡导国际社会之间的合作和协商。我国是公约的缔约国、国际民航组织的理事会成员国，有义务制定或修改国内规则以在国内法层面实施公约及公约附件的规定。根据公约第 37 条、第 38 条和 54 条，允许国际民航组织颁发标准和建议措施并作为公约的附件（Annex），各缔约国通过将国际民航组织制定和修改的国际标准与建议措施纳入、转化为国内法规，以实现对于公约的遵守。对于标准的遵守是"必须的"，任何国家如认为"不能在一切方面遵行"，或在任何国际标准和程序修改后，"不能使其本国的规章和措施完全符合"，或认为"有必要采用在某些方面不同于国际标准所规定的规章和措施"，应立即将其本国的措施和国际标准所规定的措施之间的差异，通知国际民航组织。简言之，对于标准，各缔约国如非提交"背离"，必须按照公约规定予以遵守。而对于建议措施，其统一应用被认为是"可取的"，各缔约国仅需"力求"根据公约予以遵守。因此，对于中国民航管理民用航空器维修及维修单位的规章，不仅需要满足中国国内法律法规的要求，也应当满足公约及公约附件相关条款的要求。中国民用航空规章与公约条款对应关系见表 2.1。

## 第二章 中外民用航空维修规章的发展与联系

表 2.1 中国民用航空规章与公约条款

| 公约 | | 中国民用航空规章 |
|---|---|---|
| 附件 1<br>人员执照的颁发 | 4.2 航空器维修（技术员/工程师/机械员） | CCAR-66 部 |
| 附件 8<br>航空器适航性 | 第 Ⅱ 部分<br>第 6 章 维修机构的审批 | CCAR-145 部 |
| | 6.2 维修机构批准书 | 第 145.7 条 批准 |
| | 6.3 维修机构的程序手册 | 第 145.28 条 维修单位手册 |
| | 6.4 维修程序与质量保证体系 | 第 145.23 条 质量系统 |
| | 6.5 设施 | 第 145.18 条 厂房设施 |
| | 6.6 人员 | 第 145.21 条 人员 |
| | 6.7 记录 | 第 145.30 条 维修记录 |
| | 6.8 维修放行单 | 第 145.31 条 维修放行证明 |
| | 第 Ⅱ 部分<br>第 5 章 安全管理 | 第 145.24 条 安全管理体系 |

为了促进全球航空安全水平的提升，1998 年国际民航组织大会通过了对各成员国进行普遍安全监督审计计划的决议，目的是定期对缔约国进行审计，通过评估缔约国对国家安全监督体系关键要素的有效执行情况，以及缔约国对国际民航组织与安全有关的标准和建议措施、相关的程序、指导材料和安全相关措施的实施情况来确定缔约国的安全监督能力，从而促进全球航空安全。国际民用航空组织分别于 1999 年、2001 年、2007 年、2024 年对中国民航进行了四次安全监督审计。

指导文件中的材料，因其旨在指导各缔约国制定详细而全面的国家规范，以便使这些国家规范保持一致，所以这些材料没有强制性。无论在细节或方法上，各缔约国可自行抉择指导文件中的材料，各国不需要通知国际民航组织它们的规范或做法与文献中有关材料之间可能存在的任何差异。

## 二、CCAR-145 部与 FAA 14 CFR Part 145/EASA PART 145

### （一）CCAR-145 部与 FAA 14 CFR Part 145

美国是最早进行航空管理的国家。第一次世界大战后航空业迎来了井喷式增长。1926 年，美国联邦政府在商务部设立航空处（Aeronautics Branch），对航空业进行监管，并发布了商业航空法（Air Commerce Act），颁发了历史上第一张飞行员执照。该法要求商务部发展航空运输市场、颁布和加强空中管制规则，认证机组资质、取证飞机、建立航空公司和运行维护导航设备。因此，航空机构初期的职责主要是制定安全规章、取证飞机和认证机组资质。这一时期的规章，以通告（Bulletin）的形式发布。

1934 年，美国商务部下属的航空机构改名为商业航空局（Bureau of Air Commerce）。随着商业飞行的增加，商业航空局鼓励航空公司自己在飞行航路上建立空中交通管制（Air Traffic Controller，ATC）地面站。1936 年，商业航空局接管了航空公司设立的 ATC 地面站并开始增设新的 ATC 地面站。

1938 年，美国联邦政府颁发民用航空法，要求民用航空的管理职责从商业部转移到一个新设立的独立机构：民用航空管理局（Civil Aeronautics Authority）。1940 年，时任美国总统富兰克林·罗斯福将民用航空管理局分拆为两个机构：民用航空管理局（Civil Aeronautics Administration，CAA）和民用航空委员会（Civil Aeronautics Board，CAB）。CAA 主要负责空管、飞行员资格认证和飞机取证、航空安全和航线认证。CAB 主要负责制定安全规章、事故调查和航空公司运营管理。这一时期的规章，以 CAR（Civil Aeronautics Regulation）的形式发布。"CAR 52 Repair Station Certificates"为管理民用航空器维修单位的规章。

随着更多的喷气客机投入运营，空中安全事故也随之增多，促使政府在 1958 年颁布了联邦航空法。该法要求将 CAA 的职责转移到新设的独立机构联邦航空署（Federal Aviation Agency），联邦航空署被授予了更多管理职责，CAB 制定安全规章的职责也被转移到联邦航空署，另外其还负责军民共用的导航和交通管制系统。1966 年成立的交通运输部（US Department of Transportation，DOT）将联邦航空署纳入管辖，同时联邦航空署改名为联邦航空局（Federal Aviation Administration，FAA），即当前的美国联邦航空局（FAA）。之前由 CAB 负责的事故调查职能也转移到新成立的国家运输安全委员会（National Transportation Safety Board，NTSB）。

FAA 管理民用航空的法律体系包含了三个层级：

第一层级为美国法典第 49 编（49 U.S.C）：运输，第 7 章（Subtitle Ⅶ）航空程序，相当于中国的民用航空法。1994 年，1958 年颁发的《联邦航空法》（Federal Aviation Act of 1958）以及美国其他与航空有关的联邦法规被废除并重新修订，编入 49 U.S.C，Subtitle Ⅶ。

第二层级为联邦法规第 14 编（14 CFR）：航空航天，第 1～3 卷（Vol.1, 2, 3）联邦航空规章，相当于中国民用航空规章。1958 年之后，美国联邦航空规章一般使用 FARs 作为 Federal Aviation Regulations 的缩写，后来由于该缩写与另一部联邦法规 Federal Acquisitions Regulations 的缩写一样，容易引起混淆，FAA 开始使用 14 CFR Part××作为法规的编号。

第三层级为指令性文件（Ditectives）和咨询通告（Advisory Circular，AC）。指令性文件又包含了指令（Orders）、通知（Notices）、更改（Changes）和补充（Supplements）。

美国民用航空法律体系中，与 CCAR-145 部联系比较紧密的是联邦航空规章及其配套的咨询通告。由于美国在民航科技和民航管理均走在世界的前列，FAA 在民用航空管理方面的理念、规则得到了世界上大量国家的追随。1986 年 3 月，中国民航局与美国联邦航空局签署《中美航空技术合作协议》后，中国民航全面学习美国联邦航空局的经验，吸收美国联邦航空规章的内容编制中国民航的规章。因此，中国民用航空规章的规章体系和部分规章编号，是与美国联邦航空规章对应的。

在民用航空器维修管理方面，FAA 颁布了三部规章，分别是 14 CFR Part 145 "Repair Stations"、14 CFR Part 43 "Maintenance, Preventive Maintenance,

Rebuilding, and Alteration"和 14 CFR Part 65 "Certification：Airmen Other Than Flight Crewmembers"，分别管理民用航空器维修单位、一般维修以及维修人员。对应中国民用航空规章，分别为 CCAR-145 部、CCAR-43 部和 CCAR-66 部，特别是 1988 年发布的 CCAR-145 部第一版，是学习、吸收 14 CFR Part 145 的先进理念并结合当时的中国国情编写的（两者的对应关系见表 2.2），2006 年颁发的 CCAR-43 部，也能与 14 CFR Part 43 对应。

表 2.2 CCAR-145 部第一版与 14 CFR Part 145

| 项 目 | CCAR-145 部（1988 年） | 14 CFR Part 145 |
| --- | --- | --- |
| 维修单位基本条件 | 145.31 厂房和设施<br>145.33 工具、设备和器材<br>145.35 技术文件<br>145.37 人员 | C 分部——厂房、设施、设备、器材和技术文件 |
| 维修类别 | 145.19 机体、动力装置、螺旋桨、无线电设备、仪表、附件类别<br>（a）机体类别<br>（b）动力装置类别<br>（c）螺旋桨类别<br>（d）无线电设备类别<br>（e）仪表类别<br>（f）附件类别<br>145.21 有限项目类别 | B 分部——审定<br>145.59 类别<br>（a）机体类别<br>（b）动力装置类别<br>（c）螺旋桨类别<br>（d）无线电设备类别<br>（e）仪表类别<br>（f）附件类别<br>145.61 有限类别 |

## （二）CCAR-145 部与 EASA PART 145

第二次世界大战后，美国逐渐在商用飞机领域取得了垄断地位，为了同美国竞争，20 世纪 70 年代欧洲国家通过整合欧洲技术和资源，成立了空中客车公司（Airbus）。随后欧洲成立了"联合适航局"，最初成立的目的仅仅是为了建立对大型飞机和发动机的通用型号代码，以满足欧洲航空业的需要，尤其是几个国家间相互协作制造飞机的需要。到 1987 年，该机构的工作已经扩展到飞机的运营、维修、人员执照和设计认证等领域，覆盖生产、设计、维修机构的认证和通用程序。1990 年，在塞浦路斯会议上，联合航空局（Joint

Aviation Authorities，JAA）正式成立，签署《联合航空局协议》的国家成为JAA 的成员。JAA 的主要职责是制定和完善联合航空规则（Joint Aviation Requirements，JAR），其内容涉及飞机的设计和制造、飞机的运营和维修，及民用航空领域的人员执照等，并进行相关管理和技术程序的制定。

相对于美国的 FAA，JAA 并非是一个强有力的航空局。在法律上，JAA 还不能替代各成员国的民用航空局的管理职能。JAA 没有权力向航空产品申请人直接颁发证书，而是由申请人所在国的民用航空主管部门颁发。在颁发适航证书前，要由 JAA 负责组织各成员国的民用航空局的专家对所申请产品进行合格审定，提出审定结论和建议，审定结论必须得到各成员国民用航空局的认可。JAR 的所有要求对其成员国都不具有法律效力，各国的航空管理当局还会根据自己国家的情况制定航空法规。因此，欧洲各国间的航空规则并不能完全统一，这不利于欧洲区域一体化的进一步的发展，也不能满足欧洲航空领域未来的需要。

1993 年欧盟正式成立后，一直在为欧洲寻找一个类似于 FAA 的航空安全机构，来负责起草并制定全欧盟的民用航空安全和环境方面的规定，使其达到较高安全水平的要求，并在整个欧洲实施统一的航空管理和监控实施机制，将其提升到世界级水平。2002 年，欧盟十五国在布鲁塞尔的会议上决定成立"欧洲航空安全局"（European Aviation Safety Agency，EASA），其目标是最大限度地保护公民的安全，促进欧盟航空业的发展。EASA 将接替所有 JAA 的职能和活动，同时允许非欧盟的 JAA 成员国和其他非欧盟的国家加入。同年 7 月，欧盟委员会一致通过 EC 1592/2002 号《有关民航领域的共同规则以及建立一个欧洲航空安全局》法案，该机构在成员国内具有按欧盟法律规定管理民用航空的权限，其职责包括规章制定、航空器/发动机和零部件的安全性和环境方面的合格审定、全世界范围内航空器设计机构的批准以及欧盟外的生产和维修单位的批准、航空器运营机构和运营人的审定等。同时，JAA 继续存在，并按约定履行责任。

2003 年，JAA 签署《塞浦路斯协议》（Cyprus Arrangement），成为 EASA

的正式会员，并开始将大部分职能向EASA转移。在这一新框架内，JAA保留在运行和执照颁发方面的职能和责任，并在审定和维修方面为EASA提供服务。2008年，在42个月的过渡期后，依据欧盟议会规章的相关规定，EASA成为集中行使各成员国民航管理主权的政府组织。其主要职责包含：规章的制定、型号合格审定、航空器运行机构和运营人的批准、空中交通管理和空中航行服务机构的认证等。

EASA的民用航空法律体系可以分为三个层级：

基本法（the Basic Regulation，BR），由欧洲议会和理事会通过。相当于中国的民用航空法一级的法律。

授权法和实施法（Delegated & Implementing Rules to the BR，DR&IR），由欧洲委员会发布。相当于中国的适航管理条例以及中国民用航空规章。

软法（Soft Law），由EASA局方（the Agency）发布，不具备强制的约束力。相当于中国民航发布的咨询通告。它包含了审定规范（Certification Specification，CS）、可接受的符合性方法（Acceptable Means of Compliance，AMC）和指导材料（Guidance Material，GM）。为了能与国际主流航空强国规章对应，EASA的规章也吸收了国际主流的编号规则，如其管理民用航空器维修单位的规章，使用了Part-145（相当于CCAR-145部）。对于持续适航管理，EASA还发布了一部规章Part-M。此外，为了能够使欧盟各成员国满足要求，针对Part-145和Part-M，EASA均制定了局方推荐的符合性方法（AMC）和指导材料（GM）。EASA在发布关于持续适航的法律法规时，是将IR、AMC、GM等合并在一起发布的，Part-145和Part-M在发布时是作为IR的附件，这一点与CCAR和14 CFR有很大区别。

自欧洲航空安全局成立以来，中国民航积极与其开展合作，2020年中欧双边航空安全协定的生效是双方民航领域合作的重要里程碑。为了能够在民航领域高效开展法律框架内的合作，中国民用航空规章在制定和修订时，会考虑国际主流民航规章的先进经验，在CCAR-145部、CCAR-66部等规章修订时进行条款方面的对应。

由于民用航空的国际性，对于民用航空器维修单位的管理 CAAC、FAA 和 EASA 在基本原则上是一致的，主要表现为：

（1）因民用航空器的安全要求，均将民用航空器维修作为一项需要审批的许可事项，以发放许可证件的方式进行管理。

（2）均对民用航空器维修单位的厂房设施、工具设备、人员、器材和技术文件等基本要素进行了详细要求。

（3）维修完成的部件均需要签署适航证明文件。

### 三、CCAR-145 部与其他中国民用航空规章

在讨论 CCAR-145 部和其他规章前，我们先讨论一下"适航"。关于"适航"，目前较为统一的定义为"航空器达到型号设计标准，同时处于安全运行状态"。因此，民用航空器是否适航，以该民用航空器是否满足以下条件为标准，一是民用航空器是否始终满足符合其型号设计的要求，二是民用航空器是否始终处于安全运行状态。与之相对应，适航管理也分为两大类，一类是初始适航管理，另一类是持续适航管理，它们的关系如图 2.1 所示。

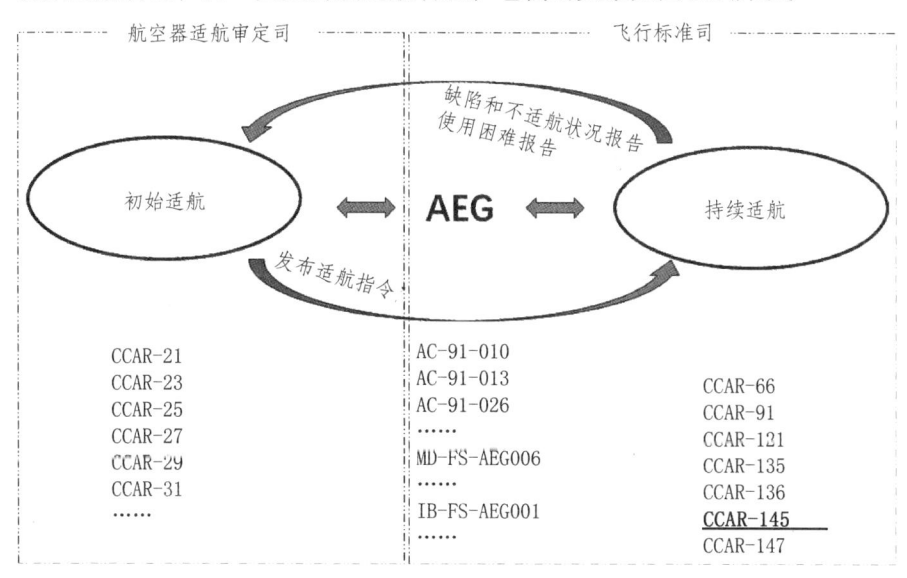

图 2.1 初始适航与持续适航

初始适航管理，是在航空器交付使用之前，适航部门依据各类适航标准和规范，对民用航空器的设计和制造所进行的型号合格审定和生产许可审定，以确保航空器和航空器部件的设计、制造是按照适航部门的规定进行的。初始适航管理是对设计、制造的控制。初始适航管理主要由民航局航空器适航审定司、适航审定中心以及各地区管理局适航审定处负责，主要的工作包括建立适航标准、颁发相关证件、完成适航审定等。

持续适航管理，是在航空器满足初始适航标准和规范、满足型号设计要求、符合型号合格审定基础，获得适航证、投入运行后，为保持它在设计制造时的基本安全标准或适航水平，为保证航空器能始终处于安全运行状态而进行的管理。持续适航管理是对使用、维修的控制。持续适航管理主要由民航局飞行标准司、各地区管理局飞行标准处、适航维修处负责，主要的工作包含运行合格审定、持续监督检查、颁发维修许可证等。

综上所述，民用航空器的适航管理是以保障民用航空器的安全性为目标的技术管理，是适航主管部门在制定了各种最低安全标准的基础上，对民用航空器的设计、制造、使用和维修等环节进行科学统一的审查、鉴定、监督和管理。

民用航空器通过型号合格审定和生产许可审定仅表明该型航空器已具备基础的安全飞行适航性，但根据用途的不同，航空运营人使用该航空器运行时，还需在航空器设备、维修、手册等方面满足持续适航管理的要求，最终保障公众利益和旅客生命财产的安全。因此，航空器在投入运行前，需要根据航空器未来用途选择增加相应的机载设备以及更改布局、制定运行和维修文件、确定驾驶员和维修人员训练标准等一系列工作，这些工作必须在设计和制造过程中完成，否则即使航空器已交付运营人，也很难参与到运行中去。为了在航空器设计与制造（初始适航）和使用与维修（持续适航）之间建立沟通的桥梁，民航局在飞行标准司下设立了航空器评审处，负责民用航空器型号合格审定中的运行评审工作，协调建立各航空器评审组（Aircraft Evaluation Group，AEG）和专家委员会，在航空器型号合格证审定过程中开展相关的运行符合性评审，确保国产航空器的设计满足运行要求，手册满足使用要求，产品满足市场要求，从而促使和保障航空器能够顺利交付并投入运行。

从上述内容可以看出，民用航空器维修单位合格审定仅仅是持续适航管理中的一项工作，其不能脱离其他规章单独存在，必须与管理航空器运行、维修人员和维修人员培训机构的规章协调一致，才能有效保障航空器的持续适航。当前，与 CCAR-145 部联系比较紧密的规章包含管理航空器维修人员的 CCAR-66 部、管理维修人员培训机构的 CCAR-147 部，以及管理航空器运行人的 CCAR-91 部、CCAR-121 部、CCAR-135 部、CCAR-136 部和 CCAR-141 部。

CCAR-66 部《民用航空器维修人员执照管理规则》是中国民用航空局依据《中华人民共和国民用航空法》第四十条、《中华人民共和国民用航空器适航管理条例》第十七条的规定，颁布的用于规范民用航空器维修人员执照的颁发和管理的规章。该规章最新有效版本为 2020 年 7 月 1 日起实施的 R3 版（截至 2023 年 12 月 31 日）。该规章将航空器维修人员执照按照航空器类别分为飞机和旋翼机两类，并标明适用安装的发动机类别。内容包含航空器维修人员必须具备的条件、执照的申请/颁发/管理、执照的机型签署以及法律责任等。只有取得依据该规章颁发的民用航空器维修人员执照的人员，才能担任依据 CCAR-145 部批准的维修单位的责任经理、质量经理和生产经理。另外，按照 CCAR-145 部第 145.21 条的规定"国内维修单位从事与民用航空器或者其部件维修工作直接有关的质量、工程和生产控制管理的人员应当持有民航局颁发的民用航空器维修人员执照，并且其维修技术英语等级与维修中使用的技术文件相匹配""国内维修单位的维修放行人员应当持有民航局颁发的民用航空器维修人员执照，并且其维修技术英语等级与维修中使用的技术文件相匹配。对于复杂航空器维修放行的人员还应当具有与其航空器型号对应的有效机型签署"。

CCAR-147 部《民用航空器维修培训机构合格审定规则》是中国民用航

空局依据《中华人民共和国民用航空法》第四十条，颁发的用于规范民用航空器维修培训机构合格证的颁发和管理的规章。该规章最新有效版本为2022年5月1日起实施的R1版（截至2023年12月31日）。该规章内容包含维修培训机构合格证的申请/颁发/管理、维修人员执照培训机构的要求、机型维修/发动机型号培训机构的要求、监督管理等。培训机构在获得维修培训机构合格证后，可以在许可的培训地点从事许可类别的航空器维修人员执照培训或机型维修/发动机型号培训，并对完成培训的人员进行考核和/或评估。

CCAR-91部、CCAR-121部、CCAR-135部、CCAR-136部和CCAR-141部部是针对民用航空运行的规章。CCAR-91部《一般运行和飞行规则》规定了民用航空运行的一般原则与要求，适用于在中华人民共和国境内实施运行的所有民用航空器（不包括系留气球、风筝、无人火箭、无人自由气球和民用无人驾驶航空器），是其他运行规章的基础。该规章最新有效版本为2022年7月1日起实施的R4版。该规章G章"航空器维修"规定了在中国国籍登记的航空器的维修基本要求，包含了总则、维修要求、维修实施、维修工作准则等内容。规章第91.603条规定"航空器部件的维修除以恢复安装为目的的简单检查和零件更换外，应当由具有对应部件维修能力的按照CCAR-145部获得批准的维修单位实施维修"。

CCAR-121部、CCAR-135部、CCAR-136部和CCAR-141部是针对特定类型运营人的审定规则。CCAR-121部针对大型飞机公共航空运输承运人，CCAR-135部针对小型商业运输和空中游览运营人，CCAR-136针对特殊商业和私用大型航空器运营人，CCAR-141部针对民用航空器驾驶员学校。按照CCAR-121部、CCAR-135部运行的承运人或运营人，由于涉及公共安全，社会影响较大，CCAR-121部的L章"飞机维修"和CCAR-135部的C章、D章和E章的第五节"维修"均对航空器的维修提出了特殊要求。按照CCAR-121部、CCAR-135部运行的航空器，其维修必须由按照CCAR-145部批准的维修单位完成。按照CCAR-136部和CCAR-141部运行的运营人或学校，其航空器的维修按照CCAR-91部G章的要求完成即可。

第二章　中外民用航空维修规章的发展与联系

除上述规章外，还有一部与维修相关的规章为 CCAR-43 部《维修和改装一般规则》。CCAR-43 部最早起草于 2003 年，并于 2004 年 1 月结合 CCAR-91 部的发布完成了讨论稿，经民航总局飞行标准司组织的多次内部讨论，于 2005 年 1 月完成了征求意见稿，并组织了各管理局、航空公司参加的征求意见会。根据会议反馈意见，飞行标准司又组织人员多次对征求意见稿进行修订，最终于 2005 年 7 月完成了报批稿。2005 年 9 月，经民航总局组织的公众听证会讨论后，于 2005 年 12 月 31 日由民航总局局务会议通过。这部规章制定时，民航正逐步从单一的公共运输发展成公务飞行、航空体育、空中游览等多方面齐头并进的局面，为适应发展形势，在参考 FAA、JAA 相关管理经验的基础上，简化维修管理方式和程序，以适应民航多元化发展的需要。该规章的制定晚于 CCAR-145 部，弥补了 CCAR-145 部管理所有民用航空器维修活动的不足。2022 年之前，这部规章是作为民用航空器维修的基础规章存在的。2022 年，CCAR-91 部《一般运行和飞行规则》进行第 4 次修订时，将该规章的内容纳入其 G 章 "航空器维修" 中，同时简化了基本飞行仪表和设备的具体要求，删减了大量附录内容。CCAR-43 部内容纳入 CCAR-91 部后，CCAR-43 部不再作为独立规章存在，被废止。

# 第三章

## 总则解读

2022年2月8日，交通运输部第4次部务会议通过了《民用航空器维修单位合格审定规则》第四次修订（以下简称"CCAR-145R4"），交通运输部部长李小鹏于2022年2月11日签署交通运输部2022年第8号令予以公布，该规章于2022年7月1日起施行。[①]

CCAR-145部于1988年11月2日首次发布，1993年2月3日完成了第一次修订（CCAR-145R1），2001年12月21日进行了第二次修订（CCAR-145R2），2005年8月22日发布了第三次修订（CCAR-145R3），较好地适应了我国民用航空业的快速发展需要，并与其他相关法律法规配合形成了较为完善的持续适航管理的法规体系，有效促进了民航维修行业的整体安全管理和质量保障水平的提升。为了贯彻国家"放管服"等相关政策、法律法规中关于行政处罚、机构诚信等方面的要求，适应新形势下国内民航运输业安全、快速发展的需要，落实民航局党组提出的"一二三三四"民航发展新时期的总体工作思路和促进通航发展的总体部署，配合包括《民用航空器维修人员执照管理规则》CCAR-66R3等在内的其他相关规章的修订，结合国际上关于维修单位管理的通行做法，国际民航组织（ICAO）安全管理系统（SMS）在内的最新建议和推荐措施，以及行业集中反映的突出问题，民航局飞行标准司在前期酝酿的基础上，于2017年正式启动了CCAR-145部的第四次修订（CCAR-145R4）。在吸收了民航局相关业务司局、民航各地区管理局、监管局、各航空公司、相关维修单位以及维修人员个人的意见和建议后，于2021年2月5日向公众发布征求意见稿。

与CCAR-145R3相比，CCAR-145R4主要在以下几个方面进行了变更：

---

① 按照《中华人民共和国立法法》（简称"立法法"）的规定，"国务院各部、委员会、中国人民银行、审计署和具有行政管理职能的直属机构以及法律规定的机构，可以根据法律和国务院的行政法规、决定、命令，在本部门的权限范围内，制定规章"。2008年，中国民用航空总局由国务院直属机构改制为部委管理的国家局，隶属于交通运输部，同时更名为中国民用航空局。因此，CCAR-145部的首版和前三次修订，由中国民用航空局或中国民用航空总局局长签发，CCAR-145部的第四次修订由交通运输部部长签发。

（1）简政放权，配合 CCAR-66 部的修订，取消了"维修管理人员资格证书"，"航空器部件修理人员执照"两类资格相关内容；取消原文中的"Ⅰ类和Ⅱ类机型签署要求"。

（2）根据国际民航组织要求，结合管理实际，在原来质量系统的基础之上增加了维修单位安全管理系统（SMS）的附加要求，提出了事件和危害报告系统、风险管理系统、安全和质量的内部审核系统、安全和质量监督和保证体系，以及调查与差错管理机制等要求；进一步明确了安全管理体系可以结合原有质量管理系统一同建立。

（3）根据行政处罚法的要求，对"法律责任"中的处罚名称、类别进行了全面调整。

（4）根据国家有关诚信的政策要求，加入维修单位的诚信要求。

（5）落实促进通航发展的总体部署，取消了"简单飞机"的机型签署要求。

（6）落实"放管服"要求，将维修许可证有效期统一调整为 3 年，维修单位由原来的"每年一检"调整为"三年一检"。年度报告中，明确航线维修情况不用报告，在等效安全情况中增加了"一证多地"的说明；修改了航线维修的要求，明确航空运营人维修单位可以通过外站管理体系来自行实施航线维修管理，并且不限定地点。

（7）与时俱进，授权要求中取消在相关的工作现场应当保存复印件的要求，取消航线维修等工作必须是由航空运营人授权的放行人员的要求，可直接由维修单位授权。培训管理中对于工作无中断、管理无更新和变化的取消了两年强制复训的要求。

（8）结合国际上关于维修单位管理的通行做法，在此次修订中明确维修单位只对"维修放行"承担责任的原则。

（9）简化、调整已不适宜的表述，将"民航总局"统一改为"民航局"；删除大量"经批准的标准"；将民航局和地区管理局简化为局方。取消了大量附件及相关表格；取消了原文中有关"航空器重要修理和改装工作应当填写本规定附件八《重要修理及改装记录》"的要求。

修订后的 CCAR-145 部共七章四十三条，包含：第一章 总则；第二章 维修许可证的申请、颁发和管理；第三章 维修类别；第四章 维修单位的基本条件和管理要求；第五章 监督管理；第六章 法律责任；第七章 附则。本规则是申请取得民用航空器维修许可证的单位需满足的最低标准，民用航空器维修单位还应基于安全和经济的平衡，适当地增加其他管理要求。在此特别要提醒的是，把握和处理好安全和经济的关系，是民用航空器维修单位高质量发展的重要着力点，不切实际盲目地追求安全性将得不偿失，片面追求经济性也将使安全得不到保障。

总则是一部规章的基本原则，决定和统领本规章的其他章节内容。总则共 3 条，主要规定了立法目的、立法依据、适用范围、行政管理机构及权利等。

## 一、第 145.1 条 目的和依据

为了规范民用航空器维修许可证的颁发和管理，保障民用航空器持续适航和飞行安全，根据《中华人民共和国民用航空法》《中华人民共和国行政许可法》和《中华人民共和国民用航空器适航管理条例》等法律、行政法规，制定本规则。

### （一）立法的目的

1. 规范民用航空器维修许可证的颁发和管理

民用航空器的维修，因其直接关系公共安全，ICAO、FAA、EASA 和 CAAC 均规定了获得许可的要求。ICAO 附件 6 第 I 部分第 8.7 条规定，维修机构的申请人必须证明其满足相关规定，缔约国才能颁发维修机构的批准书。FAA、EASA 和 CAAC 在其发布的民航规章中，均以独立的规章来阐述颁发维修许可证相关的条件和要求。

《民用航空法》第三十五条规定，承担民用航空器和民用航空器部件维修业务的单位，必须向国务院民用航空主管部门申请领取维修许可证。经审查合格的，颁发证书。《适航管理条例》第十六条规定，中华人民共和国境内和境外任何维修单位或者个人，承担在中华人民共和国注册登记的民用航空器的维修业务的，必须向民航局申请维修许可证，经民航局对其维修设施、技术人员、质量管理系统审查合格，并颁发维修许可证后，方可从事批准范围内的维修业务活动。维修许可为行政机关（民航局）依照《行政许可法》设定的一项行政许可，以颁发加盖民航局印章许可证的方式，体现民航局作出准予行政许可的决定。为了便于申请人申请维修许可证，本规则第二章阐述了维修许可证的申请、颁发和管理，第四章阐述了维修单位必须满足的条件。

行政许可既然是行政机关"民航局"对行政相对人"民用航空器维修单位"做出的决定，行政机关必须依法对行政相对人进行监督管理，以使其持续满足许可的要求。监督管理包含了对产品的抽样检查、对场所的实地检查和对材料的查阅。检查不合格的单位，民航局可依法对行政许可撤销、撤回、吊销、注销。因此，维修许可证管理包含了对维修许可证的撤销、撤回、吊销、注销以及正常运行中的暂扣、变更和更新。

行政许可的撤销，是指作出行政许可决定的行政机关或者其上级行政机关，根据利害关系人的请求或者依据其职权，对行政机关及其工作人员违法作出的准予行政许可的决定，依法撤销其法律效力的行为。如果行政机关工作人员滥用职权、玩忽职守做出许可决定，给被许可人的合法权造成损害的，行政机关还应依法给予补偿。

撤回指行政机关无过错，被许可人也没有过错，因行政许可所依据的法律、法规、规章修改或者废止，或者准予行政许可所依据的客观情况发生重大变化的，为了公共利益的需要，行政机关可以依法变更或者撤回已经生效的行政许可。由此给公民、法人或者其他组织造成财产损失的，行政机关应当依法给予补偿。

吊销是《行政处罚法》规定的对行政许可的一种行政处罚行为。吊销行

政许可适用于被许可人取得行政许可后有严重的违法从事行政许可事项的活动而被行政机关施以取消行政许可的情形。行政机关作出吊销行政许可的行政处罚决定前，应当告知被处罚人有要求听证的权利，被处罚人要求听证的，行政机关应当组织听证。

注销指行政许可机关终止被许可人已经获得的行政许可后，由于法定的原因，所办理的注明记载并宣示相关资格丧失效力的程序性工作。根据《行政许可法》第七十条规定，当行政许可的有效期届满未延续、赋予行政许可的公民死亡或丧失行为能力、法人对行政许可依法终止等，行政机关将依法办理注销手续。

因此，撤销和吊销涉及行政许可的违法，区别在于违法的主体。撤回和注销一般不涉及违法，撤回是对行政许可的依据不复存在的一种补救措施，注销是许可权利已经灭失或者无法实际行使后的补充手续。

暂扣是指行政机关在行政处罚中，为了保护公共利益，防止被处罚人继续违法行为，依法对被处罚人的财物、物品等进行临时控制，限制其使用、处置或交付给有关机关的行为。维修许可证的暂扣一般出现在民用航空器维修单位疑似有严重违反规章的行为但还未确定，或者已有较严重违反规章的行为但积极整改。

当民用航空器维修的单位的名称、地址或管理体系出现变更时，以及维修许可证有效期需要延续时，需进行维修许可证的变更和更新。

## 2. 保障民用航空器持续适航和飞行安全

按照国际民航组织《适航手册》（Docs 9760）的定义"持续适航指涉及所有航空器在其使用寿命内的任何时间都符合其型号审定基础的适航要求及注册国的强制适航要求，并始终处于安全运行状态的全部过程"。持续适航管理的三要素为维修机构、维修人员和航空器，三要素都达到规定的要求和标准，才能保证航空器的持续适航。因此，规范航空器的维修，是保障民用航空器持续适航的一项重要工作。

《适航管理条例》指出，适航管理的宗旨是保障民用航空器安全，维护公众利益，促进民用航空事业的发展。持续适航管理是在这一宗旨下进行的，通过制定规章、标准，颁发证件和监督检查，使运行企业和维修企业不断完善自身管理机制，以保障民用航空器的飞行安全，维护公众利益。

### （二）立法的依据

中国民用航空规章为民航法律体系中的第三级，按照《立法法》的规定，一切法律、行政法规不得同宪法相抵触，法律效力高于行政法规，行政法规效力高于部门规章。CCAR-145 部作为国务院下属的交通运输部部属中国民用航空局制定的部门规章中的一项，必须对上符合与之相关的法律和行政法规，主要包含《民用航空法》和《适航管理条例》。除上述两部法律法规外，CCAR-145 部还应满足《行政许可法》《行政处罚法》《安全生产法》等法律在行政许可、行政处罚和安全生产方面的规定。同时，中国作为国际民航组织的一员，对民用航空器维修单位的管理还应满足《国际民用航空公约》及附件的相关要求。

1. 《民用航空法》和《民用航空器适航管理条例》

《民用航空法》由第八届全国人民代表大会常务委员会第十六次会议于 1995 年 10 月 30 日通过，中华人民共和国主席江泽民于 1995 年 10 月 30 日签署第五十六号主席令予以公布，于 1996 年 3 月 1 日起施行。该法于分别 2009、2015、2016、2017 年进行了四次修改。《民用航空法》赋予了民航局对全国民用航空活动实施统一监督管理的权力，《适航管理条例》赋予民航局民用航空器适航管理的职责，并规定"中华人民共和国境内和境外任何维修单位或者个人，承担在中华人民共和国注册登记的民用航空器的维修业务的，必须向民航局申请维修许可证，经民航局对其维修设施、技术人员、质量管理系统审查合格，并颁发维修许可证后，方可从事批准范围内的维修业务活动"。

《民用航空法》和《适航管理条例》是与 CCAR-145 部联系最紧密的管理民用航空及民用航空器适航的上位法，虽然 1987 年《适航管理条例》确定由民航局负责民用航空器适航管理工作时，民航局还处于政企合一的管理体制，当前已实现政府立法和监管、企业经营分开，但参考 FAA、EASA 等国家的管理模式，由当前民航局负责民用航空器适航管理是更合适的，因此 CCAR-145 部的制定以《民用航空法》和《适航管理条例》为依据。

2. 《行政许可法》《行政处罚法》《安全生产法》

《行政许可法》《行政处罚法》和《安全生产法》均由全国人民代表大会常务委员会制定的法律，属于民航法律体系中的第一级。

按照《行政许可法》第十二条的规定"有限自然资源开发利用、公共资源配置以及直接关系公共利益的特定行业的市场准入等，需要赋予特定权利的事项"可以设定行政许可。民用航空器维修许可是民航局依法设立的一项维护公共利益的市场准入许可。

按照《行政处罚法》第十三条的规定"国务院部门规章可以在法律、行政法规规定的给予行政处罚的行为、种类和幅度的范围内作出具体规定。尚未制定法律、行政法规的，国务院部门规章对违反行政管理秩序的行为，可以设定警告、通报批评或者一定数额罚款的行政处罚。罚款的限额由国务院规定"。本规章第八章均为依据《行政处罚法》设立的行政处罚。

《安全生产法》适用于在中华人民共和国领域内从事生产经营活动的单位的安全生产，民用航空器维修单位作为从事民用航空器维修活动的生产经营单位，跟公共利益密切相关，必须满足《安全生产法》相关要求。

3. 国际民用航空公约及附件

《国际民用航空公约》附件 6 "航空器的运行"对批准的维修机构等进行了规定，批准的维修机构必须具备维修机构程序手册、安全管理、维修程序与质量保障制度、维修设施、维修人员以及详细的维修记录，才能颁发维修机构批准书。中国作为国际民用航空公约的缔约国，CCAR-145 部的制定和修订必须满足公约相关要求。

CCAR-145R4 在规章的制定依据中，仅列出与该规章联系最为紧密的《民用航空法》《民用航空器适航管理条例》和《行政许可法》，其他法律、行政法规以及国际公约以"等"替代。相对 CCAR-145R3，在本次规章修订所依据的法律中增加了《行政许可法》，并依照《行政许可法》规范了第 145.10 条中许可证的撤销、吊销、终止和注销等专用名词。

## 二、第 145.2 条 适用范围

本规则适用于为取得民用航空器维修许可证的单位(以下简称维修单位)的合格审定及监督管理。

前款所称维修单位，包括独立的维修单位和航空器运营人的维修单位；独立的维修单位包括国内维修单位和国外维修单位。

### (一) 适用范围

法律的适用范围，也称法律的效力范围，主要包括空间效力、主体范围和时间效力三个方面：

1. 法律适用的空间效力

空间效力即法律适用的地域范围。一般来说，国内法律在中华人民共和国领域内适用。如果该法律列入香港、澳门两个特别行政区基本法附件三，则在这两个特别行政区也适用。本规章依据的《民用航空法》是管理中华人民共和国领域内民用航空活动的法律，但由于民用航空的国际性，在实际运行中涉及外国民用航空器飞入、飞出我国领空和我国民用航空器飞入、飞出外国领空，为保障我国登记的航空器飞行安全，CCAR-145 部要求承担中国登记的民用航空器及部件维修的在中华人民共和国领域外单位，也应当取得中国民用航空局颁发的维修许可证。

## 2. 法律适用的主体范围

依照本条规定，本规章适用的主体范围，是为取得中国民用航空局民用航空器维修许可证的单位，包含了独立的维修单位和航空器运营人的维修单位。不论其性质如何、规模大小，只要是要获得民用航空器维修许可证并从事生产经营活动，都应遵守本规章的各项规定。此处所说的"民用航空器"是相对国家航空器而言的，《国际民用航空公约》第三条规定"本公约仅适用于民用航空器，不适用于国家航空器。用于军事、海关和警察部门的航空器，应认为是国家航空器"。《民用航空法》第五条直接引用了此定义，将除国家航空器外的称为民用航空器。因此，本规章仅适用于民用航空器，不适用于国家航空器。

## 3. 法律适用的时间效力

时间效力指法律从什么时候开始发生效力和什么时候失效。关于本规章的时间效力，第145.43条对生效时间做了规定，即2022年7月1日生效。生效日期之后申请取得民用航空器维修许可证的单位，按照新颁布的规章进行合格审定。对于本规章生效前已取得民用航空器维修许可证的单位，该条给出了半年的过渡期，即这些维修单位应当于2022年12月31日之前完全符合规章修订的内容。此外，局发明电〔2022〕755号《关于明确CCAR-145R4实施过渡期方案的通知》还对维修人员英语等级要求进行了说明，自2023年1月1日起新申请授权的人员应满足相应英语等级要求，对于2022年12月31日前已获得资格授权的人员，经胜任力评估后可偏离至2023年12月31日。

## （二）合格审定和监督管理

本条规定了局方依据CCAR-145R4需要履行的两项重要职责：维修单位的合格审定和维修单位的监督管理

维修单位的合格审定包含了初始审定、更新审定和变更审定三类。初始审定是对为取得民用航空器维修许可证的单位，按照 CCAR-145 部对其维修管理体系、管理文件和申请维修项目的初次审查。更新审定是对已取得民用航空器维修许可证的单位，其申请延长其有效期时，对其维修管理体系和许可维修项目的复查。更新审定在维修许可证到期前完成，一般以三年为周期，特殊情况会缩短证件有效期至两年或一年。更新审定的受理、审查、批准程序与初次申请相同，局方会派出现场审查组，对维修单位的管理体系、厂房设施、管理文件进行检查，审查通过后，可延续有效期 3 年或以下。变更审定是民用航空器维修单位的名称、地址变更或者其维修管理体系、维修管理手册的重大变更等，以及民用航空器维修单位增加新的许可维修项目时，对其管理体系、管理手册和许可维修项目的审查。

维修单位的监督管理依据《适航管理条例》第十九条规定"民航局有权对生产、使用、维修民用航空器的单位或者个人以及取得适航证的民用航空器进行定期检查或者抽查"。监督管理包含了体系监察、现场监察、维修质量调查和特殊监察。体系监察按年度开展，是基于审定监察数据和维修信息风险分析对维修单位管理体系的检查，主要针对其管理记录与管理规范的符合性进行检查，以验证其管理体系的有效性。现场监察按年度开展，即对具体维修项目类别现场的检查，主要针对其维修工作实施的符合性进行抽查，以验证其管理体系的有效性。维修质量事件调查主要针对收到报告涉及维修单位的维修质量问题开展的调查，包括航空运营人的安全事件报告、SDR、维修差错报告，以及民航局或者地区管理局通过其他渠道收到的报告。特殊监察基于民航局或者地区管理局的要求开展，可能涉及维修单位某具体管理体系或者维修项目的检查。

## （三）维修单位

相对 CCAR-145R3，本版对维修单位的划分进行了调整，删除了制造厂家的维修单位和地区维修单位。

## 1. 制造厂家的维修单位

关于"制造厂家的维修单位",最早可以追溯到 1988 年 11 月颁布的 CCAR-145 部《维修许可审定》,这版规章将维修单位分为国内维修单位、国外/地区维修单位、制造厂的维修许可三种类型。并在第五章"制造厂的维修许可"中将"许可"分为"制造本部"和"维修分部"两类。对于"制造本部","持有民航局颁发的生产批准证书或型号认可证书的航空器、动力装置和其他机载设备的制造厂,在其制造本部维修或改装其产品时,应按民航局规定的表格填写申请书,并提交有关维修工艺(操作规程)清单、维修质量控制文件等,按该规章第 145.59(c)款付清费用,经民航局审定合格,可获得限其制造产品的维修和改装作业的《维修许可证》"。对于"维修分部","持有民航局颁发的生产批准证书或型号认可证书的航空器、动力装置和其他机载设备的制造厂,在其维修分部维修和改装其产品时,其维修分部应符合本规章第三章或第四章的要求,并按本规章第 145.59(n)款申请和按(c)款付清费用,经民航局审查合格,发给限其产品的维修和改装作业的《维修许可证》"。

也就是说,制造厂利用制造体系实施维修,提交相关资料并通过审定,可获得维修许可证。制造厂单独成立维修部门,则需按照国内维修单位的申请流程完成申请。注意,在这版规章中,无论是"制造本部"还是"维修分部",批准的维修许可都限制在制造厂制造的产品。[①]

1991 年 2 月颁布的 CCAR-145R1,专门对"制造厂维修单位"进行了定义,是指位于中国境内、外的任何民用航空器和/或航空器部件的制造厂家(如其欲对本厂制造的产品实施维修工作)。在本版规章中,无论是国内维修单位、国外维修单位、地区维修单位,还是制造厂维修单位,所符合的条件不再进行区分,都必须符合规章第四章"维修单位"的条件。

---

① 1991 年 1 月颁布的 AC-145-02《维修许可证》申请指南第 8.2 条再次对"限制在制造厂制造的产品"进行了明确:航空产品制造厂及其所属修理/翻修中心承担本厂产品,按 145.21(b)款"有限项目类别"申请。

2001年12月颁布的CCAR-145R2，对维修单位类型进行了修订，将维修单位分为独立的维修单位、航空营运人的维修单位、制造厂家的维修单位、国内维修单位、国外维修单位、地区维修单位。同时，也对"制造厂家的维修单位"的定义进行了修订，指航空器或者航空器部件制造厂家建立的，其主要维修和管理工作与其生产线结合的维修机构。主要维修和管理工作与其生产线分离的视为独立的维修单位。2005年8月颁布的CCAR-145R3维持此分类和定义不变。在CCAR-145R2和CCAR-145R3中，维修单位的申请、审查仅进行了国内和国外（地区）的区分，因此国内的维修单位，无论其是独立的、航空运营人的，还是制造厂家的，其符合的条件是一致的。

作为航空器或航空器部件的制造厂家，并不是很多人认为的"其天然具备维修其制造的航空器或航空器部件的能力"，维修民用航空器与制造民用航空器所面临的技术问题并不完全一样，在合格审定中并不会因为其为制造厂家而降低条件。因符合的条件是一样的,区分制造厂家的维修单位已无意义，所以在CCAR-145R4修订中，取消了"制造厂家的维修单位"类别。换而言之，航空器或航空器部件制造商想要承揽维修业务，就必须按照CCAR-145建立相应能力、取得维修许可证。

2. 地区维修单位

地区维修单位是指位于香港、澳门等地区的任何民用航空器和/或航空器部件的维修单位。这是一个自1988年CCAR-145部首版颁布以来一直存在的专用名词，并且配套两部指导相关工作的咨询通告，AC-145-02《国外/地区维修单位申请指南》和AC-145-11《与香港民航处、澳门民航局的联合认可》。另外，在AC-145-9《国家标准和行业标准的采用》中也使用了这个专用名词，主要涉及工具校验和特种作业使用的行业标准。

1988版的CCAR-145部《维修许可审定》，将地区维修单位参照国外维修单位管理，需要获得中国民航局颁发的维修许可证，方可对中国注册的航空器进行维修和改装。随着1997年和1999年，香港、澳门回归祖国，中国民航总局、香港民航处和澳门民航局于2001年开始筹划实施联合维修管理（JMM），成立联合维修管理委员会。

2002年5月，三方签署了《相互认可航空器维修单位批准合作安排》（以下简称《合作安排》）。2002年10月，中国民航总局颁发AC-145-11《与香港民航处、澳门民航局的联合认可》对除整台动力装置、螺旋桨之外的航空器部件维修单位的批准达成了相互认可。2004年2月，三方又在上海签署了《互相认可航空器维修单位批准合作安排增编》（以下简称《合作安排增编》），对整台动力装置（包括辅助动力装置APU）、螺旋桨维修单位的批准达成了相互认可。2004年5月，中国民航总局修订AC-145-11《与香港民航处、澳门民航局的联合认可》。

根据《合作安排》《合作安排增编》和《联合维修程序》，位于香港特别行政区、澳门特别行政区的维修单位的联合认可应分别向香港民航处、澳门民航局申请，并且自2003年1月1日起民航总局不再受理香港特别行政区、澳门特别行政区的维修单位除整台动力装置、螺旋桨之外航空器部件项目CCAR-145部批准的申请，以及自2004年2月28日起民航总局不再受理香港特别行政区、澳门特别行政区的维修单位整台动力装置（含辅助动力装置APU）、螺旋桨项目CCAR-145部批准的申请。此《合作安排》的签署有效避免了重复检查和评估给航空业和运营人带来的经济负担。

随着联合航空管理的推进，三方分别于2006年6月签署了包括航空器机体、动力装置和零部件在内的维修单位批准的全面相互认可合作安排。2013年10月，在北京签署了《相互认可航空器维修培训机构批准合作安排》。

2021年11月30日，中国民航局、香港民航处、澳门民航局在深圳签署《联合维修管理合作安排》，标志着内地与港澳地区在民航维修合作领域进入了新阶段，三方在批准的维修单位及其签发的维修放行证明、颁发的维修人员执照、批准的维修机构实施的维修培训全面互认，实现了维修能力、培训资源以及维修人员的全面无障碍流通。《联合维修管理合作安排》签署后，香港民航处和澳门民航局批准的维修单位与中国民航局批准的维修单位无任何差异，因此"地区维修单位"从管理类别来讲已成为历史。

## 三、第145.3条 管理机构

中国民用航空局（以下简称民航局）统一负责维修许可证管理，并负责国外维修单位的合格审定和监督管理。

中国民用航空地区管理局（以下简称民航地区管理局）受民航局委托，负责主要办公地点和维修设施在本辖区内的航空器运营人的维修单位、国内维修单位的合格审定和监督管理。

### （一）管理机构

《民用航空器适航管理条例》第四条规定"民用航空器的适航管理由中国民用航空局负责"。1980年、1987年和2002年的三轮体制改革将民航局的行政管理体系从四级管理架构改为当前"两级政府、三级机构"的管理架构。"两级政府"即民航局、地区管理局。加上各地区管理局的派出机构——各省、市民用航空安全监督管理局或安全监督管理办公室（简称"监管局"）构成了"三级机构"，各监管局代表各地区管理局行使在本省、市内的行政执法权，并不具备独立的行政执法资格。

民航局、地区管理局、监管局整体在行政级别上属于上下级关系，各级机构具有相对独立的行政管理权，各级内设的司局、处室存在相应的业务指导关系。

按照民航局的分工，民航局飞标司负责民用航空器的持续适航性管理，起草航空器维修的相关法规、规章、政策、标准、程序和技术规范并监督执行，组织实施民用航空器维修单位合格审定和持续监督检查，负责维修单位许可证的颁发、修改和吊销工作。上述分工具体由飞标司持续适航维修处负责。

各地区管理局下设适航维修处，负责审批民用航空器运营人在辖区内的航空器维修方案、可靠性方案、加改装方案及特殊装机设备运行要求；审核报批或批准辖区内民用航空器维修单位维修许可证并实施监督管理；负责辖区内维修人员培训机构的合格审定；按授权负责民用航空器初始维修大纲审查的有关工作；负责辖区内航空器维修人员的资格管理。

各监管局作为地区管理局的派出机构，按授权承办辖区内民用航空器维修单位合格审定的有关事宜并实施监督管理；负责辖区内民用航空器持续适航及维修管理；负责辖区内航空器维修人员资格管理。

### （二）管理分工

维修许可证证件的管理由民航局统一负责。

民航局飞标司负责组织对国外维修单位的合格审定和监督管理，具体工作由飞标司持续适航维修处承担。持续适航维修处会明确一名主管民用航空器维修单位的责任人，负责管理国外维修单位的审定和监管工作，包括申请受理、制定审查计划、组织审查组、颁发维修许可证以及实施相关的行政处罚。每年年底前，飞标司会根据国外维修单位的申请情况制定下一年度的审查任务计划，在飞行标准系统内选派具备英语听、说、读、写能力的维修监察员组成审查组执行审查任务，并指定一名经验丰富的维修监察员作为审查组组长。中国民航科学技术研究院运行所的维修工程室作为飞行标准司持续适航维修处的对口业务支持部门，将指定一名或者多名维修工程师作为国外维修单位管理的支持人员，协助飞标司管理国外维修单位的审定和监管工作。

各地区管理局受民航局委托，组织主要办公地点和维修设施在本辖区内的航空器运营人的维修单位、国内维修单位的合格审定和监督管理，具体工作由地区管理局适航维修处和监管局适航维修处承担。与民航局的管理类似，地区管理局适航维修处会明确一名主管民用航空器维修单位的责任人（主任维修监察员，Principal Maintenance Inspector，PMI），负责管理所在地区维修单位的审定和监管工作，包括申请受理和实施相关的行政处罚以及对监管局具体审定工作的协调支持。

# 第四章

# 维修许可证的申请、颁发和管理

本章共 12 条内容，主要规定了申请维修许可证的基本条件、申请材料的递交、受理和审查、证件的权利和义务以及证件的变更等。本章内容既针对为申请维修许可证的单位，也针对局方进行合格审定的监察员。

相对于 CCAR-145 R3，本规则主要的变化是增加了受理和审查的时间限制，将维修许可证的有效期调整为三年，删除了外委单位对维修许可证的限定。

## 一、第 145.4 条 申请条件

维修许可证申请人应当具备下列条件：

（a）申请人为依法设立的法人单位，具备进行所申请项目维修工作的维修设施、技术人员、质量管理系统等基本条件；

（b）国外维修单位申请人申请的项目应当适用于具有中国登记的民用航空器或者其部件。

### （一）法人单位

法人单位是指有权拥有资产、承担负债，并独立从事社会经济活动的组织，包括企业法人、机关法人、事业法人、社会团体等。法人单位必须具备四个条件：依法成立；有必要的财产或经费；有自己的名称，组织机构和场所；能够独立承担民事责任。维修许可作为行政许可的一种，是对民用航空器维修这一跟公共安全密切相关的特定活动进行事前控制的一种管理手段，必须具备明确的行政相对人，可以是公民、法人或其他组织。因此，民用航空器维修单位首先应当是依法设立的法人单位，才能拥有相关权利，并承担应尽的责任和义务。

对于不以航空器及航空器部件维修为主业务的单位，如航空公司、制造厂家或者从事多种业务的其他单位，规则允许以法人单位下设部门作为主体申请维修许可证。《中华人民共和国民法典》第七十四条规定"法人可以依法设立分支机构。法律、行政法规规定分支机构应当登记的，依照其规定。分支机构以自己的名义从事民事活动，产生的民事责任由法人承担；也可以先以该分支机构管理的财产承担，不足以承担的，由法人承担"。因此，法人单位下设部门虽然可以独立地从事相关活动，产生的责任和义务，仍由法人承担。

相对CCAR-145R3，本规则删除了"法人单位书面授权的单位"，以避免责权上的不明晰。

### （二）维修许可证申请人的基本条件

1. 国内维修单位

申请人应当为具备法人资质的单位，明确了实际承担维修工作及其管理的主体，并且民航行业信用信息记录中没有申请人或其法定代表人、责任经理、质量经理和生产经理在相关维修业务领域的严重失信行为记录。

在基础设施和管理体系方面，申请人至少应当满足"五四"原则，即厂房设施、工具设备、器材、人员、技术文件五大生产要素和安全质量、工程技术、生产控制和培训管理四大管理体系，以及维修管理人员和相关手册、程序等，本规则第四章详细列出了维修单位的基本条件和管理要求。此外，为使维修单位正常运行，维修许可证申请人还应聘用管理团队和满足要求的维修人员，确定责任经理、质量经理和生产经理，这些均需在提交的《维修管理手册》中体现。

对于维修规模较小或者在其他特殊情况下，申请人可以按照CCAR-145R4第145.15条进行简化，但前提是保证所维修的民用航空器或者其部件具有同等安全性。

2. 国外维修单位

国外维修单位申请人，除具备上述关于诚信、基础设施和管理体系的要求外，申请的项目还应当适用于具有中国登记的民用航空器或者其部件，可以提供中国登记的民用航空器运营人或所有人送修意向函件作为证据。相对CCAR-145R3，本规则虽然删除了"已获得本国或者地区民航当局的批准"的条件，但在2023年5月10日发布的AC-145-FS-002 R2《国外维修单位的申请和批准》认为"尽管各国维修许可管理的法规不同，但在保证民航飞行安全的目标上是一致的，执行国际民航公约附件规定标准和建议措施的义务是一致的，因此各国民航局普遍将国外申请人获得所在国民航局批准作为申请条件，以尽可能地节约审查人力资源，并依赖所在国民航局开展日常监督"。因此，在该咨询通告第 5.1 条规定"国外维修单位申请人应当为已获得所在国民航局批准的维修单位",申请时应当提供所在国民航局颁发的维修许可证复印件"。

国外维修单位申请涉及的维修地点应当位于同一个国家。对于跨国家设立分公司的情况,其分公司将视为另一维修单位。

3. 多地点维修单位

对于在多地点实施维修工作的维修单位,其申请受理和批准参见 AC-145-FS-016 R2《多地点维修单位和异地维修》。

## 二、第 145.5 条 申请材料

申请维修许可证,申请人应当按照民航局规定的格式和方法提交下列材料,并对材料的真实性负责:

(a)申请书;

(b)按本规则第 145.27 条编写的培训大纲和第 145.28 条编写的维修管理手册;

(c)对本规则的符合性说明,包括有关支持资料;

(d)国外维修单位申请人初次申请的还应当提交中国用户的送修意向书。

国内维修单位应当使用中文提交申请资料。国外维修单位的申请材料可以使用中文或者英文。

### (一)申请材料

本条款描述了应当申请维修许可证应当提交的基本材料,更详细的申请材料要求,见 AC-145-FS-001 R1《国内维修单位的申请和批准》和 AC-145-FS-002 R2《国外维修单位的申请和批准》。

### (二)申请书

申请维修许可证,申请人应当按照民航局规定的格式和方法提交申请书。国内申请人申请书的格式模板见 AC-145-FS-001 R1 的附录 A(见图 4.1),国外申请人申请书的格式模板见 AC-145-FS-002R2 的附录 A。

第四章 维修许可证的申请、颁发和管理

AC-145-FS-001 R1　　　　　　　　　　　　　　国内维修单位的申请和批准

## 附录 A. 维修许可证申请书

中 国 民 用 航 空 局
CIVIL AVIATION ADMINISTRATION OF CHINA

维 修 许 可 证 申 请 书
APPLICATION FOR ISSUE OF MAINTENANCE ORGANIZATION CERTIFICATE

1. 单位名称/Name of Applicant

2. 单位地址/Address

3. 单位类别/Category of Organization
   - □ 航空运营人维修单位/Maintenance Organization of Operator
   - □ 原制造厂家维修单位/Maintenance Organization of Original Equipment Manufacturer
   - □ 其他/Others

4. □ 初次申请/Initial Application
   维修项目类别（详见9）/Maintenance Item Category (Detailed as in 9):
   - □ 机体/Airframe
   - □ 发动机/Engine
   - □ 螺旋桨/Propeller
   - □ 航空器部件/Components
   - □ 其它/Others

5. □ 变更申请/Application for Change
   增加维修项目类别（详见9）/Change in Maintenance Item Category (Detailed as in 9):
   - □ 机体/Airframe
   - □ 发动机/Engine
   - □ 螺旋桨/Propeller
   - □ 航空器部件/Components
   - □ 其它/Others
   - □ 其他变更（具体说明）/Other Change (Detailed as):

6. □ 更新证件有效期/Renewal of Effectiveness of Certificate

7. 授权联系人/Delegate Point of Contact
   姓名/Name:　　　　　　　电子邮件/E-mail:

8. 责任经理签署/Accountable Manager
   姓名/Name:　　　　　　　职务 Title:
   签名/Signature:　　　　　日期/Date:

- 12 -　　　　　　　　　　　　　　　　　　　2022 年 8 月 2 日

（a）第一页

| 国内维修单位的申请和批准 | AC-145-FS-001 R1 |
|---|---|

9. 具体维修地点及项目/Location and Specific Maintenance Items

地点/Location　　　　具体维修项目/Specific Maintenance Items

A:

B:

C:

10. 其他说明/Other Information

2022年8月2日

（b）第二页

图 4.1　国内维修单位维修许可证申请书样件

国内维修单位维修许可证申请书填写要求：

1. 单位名称

按照申请条件的要求，申请人为依法设立的法人单位，以法人单位整体作为主体，申请书单位名称应填写法人单位全称。对于不以航空器及航空器部件维修为主业务的单位，如航空公司、制造厂家或者从事多种业务的其他单位，可以由法人单位下设部门作为主体申请维修许可证，申请书单位名称为法人单位全称并附加括号明确实际承担维修工作及其管理的主体。

2. 单位地址

填写申请人的邮政通信地址，包括邮政编码。对于多地点维修单位，单位地址填写申请人主维修地点邮政通信地址和邮政编码。格式如下：

中国 **（省/直辖市）**市****　　邮政编码******

3. 单位类别

根据申请人对应类别，在方框中画"×"。

4. 初次申请、变更申请和更新证件有效期

对于初次申请维修许可证的申请人，在"初次申请"前的方框画"×"，并在对应的维修项目类别前的方框画"×"。如申请发动机更换、起落架更换、无损检测等能力，则在"其它"前的方框画"×"。

对于变更维修许可证的申请人，在"变更申请"前的方框画"×"。如增加维修项目类别，则在"增加维修项目类别"前的方框画"×"，并在对应的维修项目类别前的方框画"×"。如删除维修项目类别等，在"其他变更"前的方框画"×"，并具体说明变更情况。

对于申请维修许可证延续的申请人，在"更新证件有效期"前的方框画"×"。

5. 授权联系人

授权联系人应当为申请人确定的质量经理或质量经理授权的责任联络人员。

姓名：填写打印的联系人姓名。

电子邮件：填写电子邮件地址。

6. 责任经理签署

责任经理应为提交的《维修管理手册》中明确的责任经理。申请人应确定一名维修主要负责人作为责任经理，一般由单位法定代表人或向其直接负责的管理人员担任，由其完成申请书签署，并对申请书的真实性负责。

姓名：填写打印的姓名。

职务：填写在维修单位内实际担任职务的全称。

签名：须由责任经理亲笔签名。

日期：责任经理签名日期。

7. 具体维修地点及项目

具体维修地点：填写实施维修的具体地点。

具体维修项目：填写对应地点的维修项目。

8. 其他说明

填写与维修许可证申请相关的其他说明。

国外维修单位维修许可证申请书模板和填写要求与国内的类似。

## （三）《维修管理手册》和《培训大纲》

国内维修单位申请人在提交申请书前，须按照本规则第 145.27 条和第 145.28 条要求编写《维修管理手册》和《培训大纲》。对于这两本手册编写的详细要求，见 AC-145-05《维修单位手册编写指南》和 AC-145-FS-013 R2《维修单位培训大纲的制定》。《维修管理手册》是构成维修单位资格批准的必要条件，局方在实施现场审查前，会先对申请资料进行审查，《维修管理手册》是审查的重点。

国外维修单位申请人应提供所在国民航局批准的维修单位管理手册和培训大纲，并按照 AC-145-FS-005 最新修订编写补充手册。

## （四）符合性说明

申请人在提交申请书前，还应当对照本规则的条款，完成符合性的自评估。本规则的条款要求，需对应在《维修管理手册》《工作程序手册》《培训大纲》的内容中等体现。符合性说明模板见 AC-145-05《维修单位手册编写指南》维修管理手册范本第 14 章。

## 三、第 145.6 条 受理和审查

局方收到申请人的申请材料后，应当在 5 个工作日内作出是否受理的答复，并以书面形式通知申请人。申请人未能提交齐全的材料或者申请书格式不符合要求，需要申请人补正申请材料的，局方应当当场或者在该 5 个工作日内一次性告知申请人需要补正的全部内容。

局方在受理申请后，以书面或者会面的形式与申请人协商确定对申请人进行现场审查的日期。

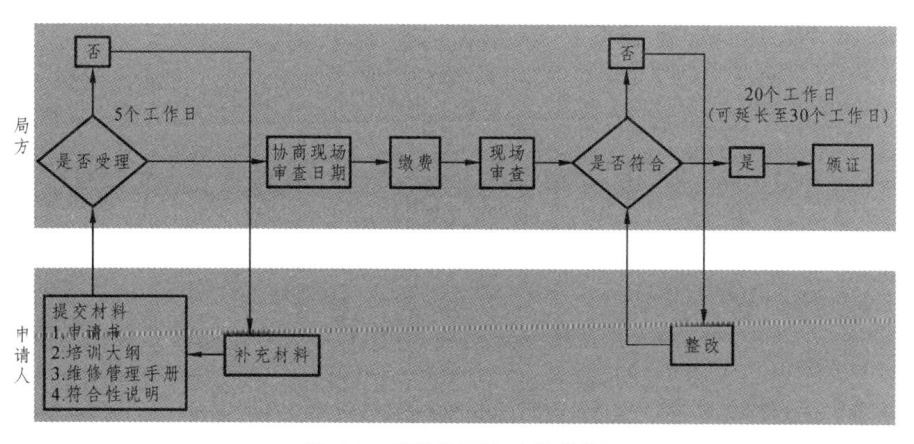

### （一）维修许可证申请流程

维修许可证申请流程如图 4.2 所示。

图 4.2　维修许可证申请流程

维修许可证申请须登录飞行标准监督管理系统（Flight Standards Oversight Program，FSOP），在线填报申请资料并提交。FSOP 系统是民航局为提高航空运营人安全水平，更新民航安全监管理念和方法，强化规章执行的标准化，推进电子化办公和提高政府工作效率，借鉴世界发达国家在运输飞行监管方面的监管理念和成功经验，于 2010 年建设的信息化管理系统，登录网址 http://fsop.caac.gov.cn/（见图 4.3）。国内维修单位申请人由授权联系人发送电子邮件至合格证管理局获取平台账号，国外维修单位申请人由授权联系人发送电子邮件至飞行标准司获取平台账号。飞标司和各地区管理局负责合格审定部门的联系方式，见 AC-145-FS-001R1 和 AC-145-FS-002R2 咨询通告。

图 4.3　FSOP 系统登录页面

## （二）受理的部门

按照本规则第 145.3 条的规定，各地区管理局受民航局委托，负责主要办公地点和维修设施在本辖区内的航空器运营人的维修单位、国内维修单位的合格审定，民航局飞标司负责组织对国外维修单位的合格审定。

## 四、第145.7条 批准

对于符合要求并交纳了规定审查费用的申请，局方应当在受理申请之日起20个工作日内向申请人颁发维修许可证，依法进行检验的时间不计入前述期限。20个工作日内不能颁发的，经本行政机关负责人批准，可以延长10个工作日，并应当将延长期限的理由告知申请人。

### （一）审查的实施、收费

申请的审查包含了资料审查和现场审查等，申请人应保持通信畅通，及时回复局方问题。

《行政许可法》第五十九条规定，行政机关实施行政许可，依照法律、行政法规收取费用的，应当按照公布的法定项目和标准收费。申请维修许可证，需要申请人按照国家发展改革委财政部《关于重新发布民航系统行政事业性收费标准及有关问题的通知》（发改价格〔2011〕3214号）和中国民用航空局《关于印发适航审查费收费人数、天数及标准工时计算办法的通知》（民航发〔2012〕63号）的规定，缴纳审查费用。国内维修单位申请维修许可证的收费按照标准工时数乘以工时费标准计算的原则收取，标准工时数分为申请受理和现场审查两部分之和。工时费标准按200元人民币/（人•工时）计算。现场审查费用如总计超过20000元人民币，则最多按20000元人民币收取。如需要现场审查，维修单位还应当承担由此产生的附加费用，包括审查人员的交通、住宿及会议费用。国外维修单位申请收费与国内维修单位类似，详见 AC-145-FS-002 R2。

### （二）批准时限

对于国内维修单位申请人，合格证管理局在收到上述完整的申请资料后，将于5个工作日内向申请人反馈受理情况及收费通知。合格证管理局在受理申请人的正式申请材料后，将与申请人的责任联络人协调确定审查计划，选派审查组，并在确认收到交纳的审查收费后进行文件和现场审查。

审查过程中发现不符合 CCAR-145 部要求的情况，将以《审查发现问题通知》的方式正式通知申请人。对《审查发现问题通知》所列的发现问题，申请人应当在 30 天内通过授权联系人向审查组反馈所采取的纠正措施。对于纠正措施不能被认可的情况，审查组将及时反馈申请人，并再次给予申请人 30 天反馈补充纠正措施。

对于申请人未能在 30 天内反馈纠正措施或补充纠正措施的情况，将视为申请人自动放弃并终结批准程序。如申请人与审查组就发现问题或者纠正措施的认可存在争议，可直接向民航局飞行标准司书面提出裁决要求。

对于无发现问题或者发现问题纠正措施已经得到认可的情况，合格证管理局将于 20 个工作日内批准维修管理手册和培训大纲，并向申请人颁发维修许可证。

对于国外维修单位申请人，飞行标准司在收到上述完整的申请资料后，将于 5 个工作日内向申请人反馈受理情况及收费通知。飞行标准司在受理申请人的正式申请材料后，将与申请人的责任联络人协调确定审查计划，选派审查组，并在确认收到交纳的审查收费后进行文件和现场审查。

审查过程中发现不符合 CCAR-145 部要求的情况，将以《审查发现问题通知》的方式正式通知申请人。对《审查发现问题通知》所列的发现问题，申请人应当在 30 天内通过授权联系人向审查组反馈所采取的纠正措施。对于纠正措施不能被认可的情况，审查组将及时反馈申请人，并再次给予申请人 30 天反馈补充纠正措施。

对于申请人未能在 30 天内反馈纠正措施或补充纠正措施的情况，将视为申请人自动放弃并终结批准程序。如申请人与审查组就发现问题或者纠正措施的认可存在争议，可直接向民航局飞行标准司书面提出裁决要求。

对于无发现问题或者发现问题纠正措施已经得到认可的情况，飞行标准司将于 20 个工作日内批准按照 AC-145-FS-005 编写的补充手册，并向申请人颁发。

## 五、第 145.8 条 认可情形

在下列情形下，民航局可以对维修单位及其维修能力进行认可：

（a）根据民航局与香港民航处、澳门民航局签订的合作安排，认可香港民航处、澳门民航局批准的维修单位；

（b）根据民航局与其他国家或者地区签订的协议，认可其他国家或者地区民航当局批准的维修单位。

### （一）双边适航协定

双边适航协定是两个国家之间就民用航空产品进出口的适航认可，以外交换文形式签订的政府级行政协定。它不是贸易协定，而是行使适航审定职能方面的技术合作协定。其目的是尽可能信赖出口国适航当局所做的适航审定工作，从而简化由缔约一方出口到另一方的民用航空产品的适航批准或认可。双边适航协定有利于民用航空产品的进出口，避免烦琐的重新适航认证工作。

双边适航协定可分为"全面的"和"有限的"两类。所谓"全面的"，指缔约双方在产品的设计和生产两方面都相互认可对方适航当局的审定结果。而"有限的"指只就某一方面（如生产）相互认可。但是任何一类双边适航协定对于涉及的产品种类和范围都有明确的规定。双边适航协定的形式通常包含了双边航空安全协定（Bilateral Aviation Safety Agreement，BASA）或者双边适航协议（Bilateral Airworthiness Agreements，BAA）；实施程序细则（Schedule of Implementation Procedures，SIP）、技术实施程序（Technical Implementation Procedures，TIP）或者适航实施程序（Implementation Procedures for Airworthiness，IPA）；技术安排（Technical Arrangement，TA）或者工作安排（Working Arrangement，WA）；谅解备忘录（Memorandum of Understanding，MoU）等。

美国联邦航空局（FAA）体系下双边适航协定可分为 BAA 和 BASA，其中 BAA 与 SIP 相关联，BASA 与 IPA/TIP 相关联，其他还有包含零散的技术及特殊事项工作安排（WA）等。BAA 是 1996 年之前美国国务院与外国国务院根据美国联邦航空管理局的技术建议交换外交照会达成的执行协议。[①]BASA 除了适航认证外，还规定了在各种航空领域的双边合作，包括维护、飞行操作和环境认证等。对于适航认证，通常还会制定一份额外的文件，即 IPA，以解决特定领域的问题，如设计批准的认可、生产及监督、出口适航批准、证后及技术协助活动等四大方面。

欧洲航空安全局（EASA）体系下双边适航协定包含了 BASA 及 WA。BASA 由欧盟（及其成员国）与非欧盟国家签署，EASA 在协议谈判和实施过程中对欧盟委员会提供支持。WA 通常由 EASA 与非欧盟国家或地区或国际组织的主管部门签署，它涵盖了技术性质的问题，通常用于促进 EASA 的认证任务或外国机构对 EASA 证书的认证。与 BASA 不同，WA 不允许相互承认证书，EASA 可直接谈判并缔结此类安排。

中国民用航空局（CAAC）体系下双边适航协定包含了 BASA 及 TA、WA、MoU。截至 2021 年 12 月 31 日，与我国建立双边适航关系的国家和地区为 40 个，现行有效的双边文件共 191 份（详见民航适发〔2022〕2 号）。

国际双边适航问题是基于这样一个事实前提的，即任何一个国家包括美欧的航空工业先进国家都不可避免地要从国外购买航空产品。因此，国际双边适航工作问题最早是在这些航空工业发达或民航运输业起步较早的国家之间产生的。20 世纪中叶，当这些国家完成了本国航空法的建立，并组成了自己的适航管理体系之后，他们几乎立刻就面临着对国外航空产品一方面要严格贯彻适航要求、保障本国人民的安全利益，另一方面又要承担人、财、物力资源方面的不堪重负这样一对矛盾。于是，国家间的双边适航合作开始登上了历史舞台。

适航问题从它开始带有国际性的那时刻起，就不再成为简单的技术问题。

---

① 美国已不再签订双边适航协议。

也许每当人们在处理这一问题时，往往是以具体的技术性话题和程序性话题出现，但国际性双边适航问题就其原则、宗旨到其解决问题的着眼点更多地带有管理型的性质和意义。解决适航部门确实面临的保障安全和资源匮乏矛盾的方法是，通过两国政府或多国政府间签订双边或多边适航协议。不言而喻，当两个国家适航部门在谈论为了解决各自资源不足问题应当相互简化进口航空产品适航审查手续时各自的观点可能不同，甚至是对方无法接受的，只有通过谈判求同存异，才能使双边适航协议成为双方均可接受的行之有效的解决方法。进入20世纪80年代，随着世界经济向多元化、跨国界方向发展，各国之间贸易联系更加紧密，每个国家对国际经济形势的敏感性也在增强，新的一轮国际分工正在形成。各国之间要求打破贸易壁垒、降低关税的呼声日益高涨，发达国家正在逐步将贸易壁垒转向技术壁垒。由于发达国家在高科技领域里所处的优势地位，技术壁垒对发展中国家航空工业的发展造成阻碍。因此，从现在起我们就应当对适航方面的国际双边问题给予足够清醒的认识，增强紧迫感，从而带动适航管理工作走向国际化，为我国航空工业在21世纪的腾飞奠定坚实的基础。

综合以上两点，我们不难看出，国际双边适航问题的原则和宗旨是要解决本国航空产品的出口问题及进口航空产品的安全性，这一问题的提出将在客观上解决适航部门自身的资源不足问题，为各国适航部门之间简化进口航空产品审查手续打下基础。当然，这里强调国际双边适航问题的目的与实践间的辩证关系，并不是说只要本国的航空产品能够顺利出口就可以降低安全要求，也不是说只要适航部门的负担减轻了就可以不考虑其他方面的要求。相反，我们在考虑国际适航双边合作的时候，首先就是要同对方的适航部门一起来相互保证航空产品的适航性。这一点既是一国适航部门存在的根本，也是国际合作的信任基础。同时，也应切实注意到，在我们做出努力保证航空产品适航的同时，对方也在做同样的努力。这也是我国适航部门成立以来，在对外开展双边适航工作时始终贯彻的宗旨和原则。今后，随着我国适航管理工作的深入发展，国际适航双边工作必然要深入适航系统的各个方面，一

定会有越来越多的人员在自己的工作中与国际双边工作发生联系。故增强认识和了解，将对大家既恰当地掌握政策又保持清醒的头脑有很大的帮助。

从国际双边适航工作问题的发展来看，最初这方面的合作主要集中在初始适航的领域内，而现在的合作正逐步向持续适航领域内发展。在初始适航的领域内，双边合作的内容主要是对航空产品的设计、制造适航审查认可做出安排。在这方面各国适航部门之间采取的方式不尽相同，航空工业和适航管理工作居领先地位的美国采用签署双边适航协议即 BAA 的方法，而欧盟国家则采取由 EASA 统一协调。近年来，随着航空运输业的不断发展，各国航空公司之间相互转租、转让航空器的现象大量增加，跨国性航空租赁业务越来越多，航空器设计人、制造人、所有人、使用人之间的关系越来越复杂，湿租航空器的情况也逐渐增多，这一切都在持续适航领域里对国际双边、多边合作提出了更为迫切的要求。于是国际性持续适航方面的合作问题成为双边、多边活动的新热点。这方面的合作潜力和前景正在成为各方注意的焦点，也正孕育着更大的发展和突破。

### （二）中美双边适航协定

1991 年，中美两国签署《双边适航协定》，但规则并不对等，由于中国民用航空制造业水平较低，适航审定工作又处于起步阶段，因此在谈判中没有太多话语权。美国认可的"中方"标准几乎都以自身的标准为背书。此外，由于协定并没有详细说明如何执行，因此两国于 1995 年再度签署了一份《实施程序细则》(SIP)。该细则以 BAA 为指导，增加了未在 BAA 中明确的项目。不过，这份细则依旧对中美适航审定的认可不对等。在这份协定中，中国认可 FAA 为航空器、航空零部件颁发的适航证，但美国仅认可 CAAC 对国产小型飞机[最大合格审定起飞重量为 12500 磅（5670 千克）或以下]和通勤类飞机[乘客为 19 人以下且最大合格审定起飞重量为 19000 磅（8618 千克）或以下]颁发的适航证，这种不对等在一定程度上限制了国产航空产品的出口。2008 年，随着 ARJ21 新支线飞机项目的发展，中国民航局希望以此为契机进一步拓展中美适航双边合作，因此主制造商邀请 FAA 对 ARJ21 飞机进行"影子审查"。当时，中国民航局的设想是中美双方适航双边的未来拓展将基于 FAA 对中国民航适航审定系统的认同和信任，一方面需要通过长期交流与合作增进相互了解和信任，另一方面需要通过以运输类飞机的型号审定为载体，实际评估中国民航局适航审定系统的能力。虽然由于种种原因，"影子审查"没有实现全部目标，但在此过程中，FAA 还是对 CAAC 的适航审定能力给予充分肯定。在启动"影子审查"之前，来自 FAA 华盛顿总部和西雅图运输类飞机审定中心的专家组曾专程对中国民航局的适航审定系统进行全面评估，评估涉及适航法规、机构人员、审定政策、持续适航等多方面内容。2014 年，中国民航局就签订新的《适航实施程序》与 FAA 进行了多轮谈判，局方希望新的条款是开放包容、全面平等的。2017 年 10 月，中国民航局官网正式对外宣布，《中国民用航空局与美国联邦航空局适航实施程序》在美、中双方分别于 2017 年 9 月 28 日和 2017 年 10 月 17 日签署后，于 2017 年 10 月 17 日正式生效。该协议根据《中华人民共和国政府与美利坚合众国政府促进航空安全协定》制定，实现了两国民用航空产品的全面对等互认，内容涵盖适航审定在设计批准、生产监督活动、出口适航批准、设计批准证后活动及技术支持等方面的合作。消息一经发布，立即在业内引起广泛关注。业界普遍认为，从长远来看，该协议的签署将有助于中国民用航空产品，如 C919、ARJ21 和民用直升机、民用航空发动机等走向国际市场，对于中国民用航空工业而言，是一个巨大的利好。值得注意的是，《适航实施程序》的签署并不意味着中国的民用航空产品在通过中国民航局的适航审定之后，就能直接获得 FAA 的适航证。因为新技术的应用、机型的差异、两国各自适航条款的差异（如中美两国对于高原的定义不同）等，都需要主制造商对机型进行相应的补充认证。但无论如何，该协议的签署为两国民航当局更深入和广泛的合作奠定了基础，也为两国民用航空产品的交流和工业部门的合作创造了更好的双边环境。

## （三）中欧双边适航协定

2013年8月，中欧启动《中欧民用航空安全协定》谈判，经过了双方工作团队多轮磋商。2017年12月，中国民航局副局长在访问EASA期间，中欧双方草签了《中华人民共和国政府和欧洲联盟关于航班若干方面的协定草案》（简称"平行协议"）、《中欧民用航空安全协定》及其适航审定附件《中欧双边适航协议》。这意味着中欧双方对文本内容达成一致意见，双方将各自启动其内部法律程序。

《中欧双边适航协议》草案规定，中欧将全面认可或接受对方的民用航空产品，只是在认可审查介入程度方面，由于双方技术评估工作进展不一致等原因，可能存在一定差异，具体实施程序将由中国民用航空局与EASA共同制定。中欧双边适航协议的草签及未来正式批准生效，为我国审定批准的国产民用航空产品获得欧洲适航认可创造了条件，打开了国产民用航空产品通往欧洲市场的大门。

2019年5月20日，中国民用航空局时任局长冯正霖与欧盟轮值主席国代表、罗马尼亚驻欧盟大使奥多贝斯库，欧盟委员会负责交通事务的委员布尔茨在布鲁塞尔共同签署了《中华人民共和国政府和欧洲联盟民用航空安全协定》。协定确立了中国与欧盟在适航和环保审定、飞行运行、空管服务、人员执照与培训等民航安全领域进行广泛合作的法律框架，很好地体现了互利共赢的原则。特别是适航和环保审定附件的签署，给中欧双方航空产品的适航审定合作创造了条件，为双方航空产品的交流提供了广阔途径，也为双方工业企业在航空产品设计制造领域开展合作提供了良好环境。该协定的签署为双方在航空安全领域开展广泛合作奠定了坚实的基础，将进一步促进双方在政策、技术、人才方面的交流。2020年9月1日《中华人民共和国政府与欧洲联盟民用航空安全协定》及《适航和环保审定》附件正式生效，为中欧双方航空安全领域广泛合作确定了框架，为中欧双方深化航空安全领域合作奠定了基础，标志着中欧航空安全领域合作进入新的阶段。

## （四）维修单位及其维修能力认可

虽然国际双边适航工作正逐步向持续适航领域发展，但正式实施的维修单位及其维修能力认可还很少。目前，中国民用航空局仅对香港特别行政区和澳门特别行政区的维修单位进行了全面认可，对新加坡的维修单位进行了部分认可，其他国家目前还未有认可情况。

按照2021年11月30日签署的《联合维修管理合作安排》，内地与港澳地区维修单位的批准已经达成全面互认，涉及港澳地区的维修可直接按照CCAR-145部的批准签发适航批准标签（表格AAC-038）。反之，送港澳地区单位维修时，港澳地区维修单位签发的适航批准标签（HKCAD或者AACM Form One）也可以直接使用。

按照民航局与新加坡民航局（CAAS）2019年8月签署的《中国民用航空局和新加坡民航局航空维修技术安排》，双方维修单位仍需向对方民航主管部门申请维修许可证件，如新加坡境内的维修单位仍然需要向中国民航局申请维修许可证件，反之亦然。这种模式省去了国外局方的现场审查和持续监督。另外，中国国内维修单位涉及新加坡的维修应当按照SAR-145的批准签发适航批准标签（CAAS Form One）。反之，送新加坡单位维修时，新加坡维修单位也需要按照CCAR-145部批准的签发适航批准标签（表格AAC-038）。

## 六、第145.9条 维修许可证

维修许可证由《维修许可证》页和《许可维修项目》页构成。《维修许可证》页应当载明单位名称、地址及维修项目类别；《许可维修项目》页标明具体维修项目及维修工作类别。

维修许可证不得转让、转借、出租或者涂改。

维修许可证应当明显展示在维修单位的主要办公地点。

## （一）维修许可证

维修许可证由"维修许可证"页和"许可维修项目"组成。

维修许可证页是维修许可证的首页，注明了维修许可证相关的主要信息，包含了编号、单位名称、单位地址、维修工作类别、有效期、首次颁发日期和再次颁发日期（见图4.4）。

图 4.4　维修许可证页样件

维修许可证颁发后，无论许可证是否更换，编号始终保持不变。国内维修单位维修许可证编号由"国内"一词的英文"Domestic"第一个字母 D，加上六位阿拉伯数字组成，字母和数字间以"."间隔，即 D.××××××。阿拉伯数字左起第一位是地区代号，后面是顺序号。国外维修单位维修许可证编号由"国外"一词的英文"Foreign"第一个字母 F，加上八位阿拉伯数字组成，即"F××××××××"。维修许可证需由局长授权的飞行标准司正、副司长或民航地区管理局局长或主管维修的副局长签字，并加盖中国民用航空局行政许可专用业务章。

"首次颁发日期"是此维修许可证首次颁证的时间，更换新证时，此日期保持不变。"再次颁发日期"是最近一次更换新证的日期，此日期随换证而变化。

许可维修项目页注明维修单位实施维修的地点和允许在该地点进行的维修项目（见图 4.5），如许可维修项目较多，可按需增加页数。

在注明地点信息后，许可维修项目页按照本规则第 145.17 条"维修项目类别"依次列出批准的维修项目。

对于机体维修项目，列出批准维修的航空器型号系列、实施的维修工作类别及限制。CCAR-145R4 修订时，机体维修项目在许可维修项目页中的标注进行了修订，当前仅标注经认可的机型系列，不再单独列出细分型号。例如，Cessna 172R 和 Cessna 172S 飞机，虽然是 Cessna 公司生产的不同细分型号飞机，但其构型仅存在少量的差异，且在同一个型号合格证下，在机体维修项目标注时，认为是同一个型号，仅在许可维修项目上体现"Cessna 172 系列"，以便于管理。

对于发动机和螺旋桨维修项目，列出批准维修的发动机型号系列和实施的维修工作类别。和机体维修项目的标注类似，发动机和螺旋桨维修项目也仅标注经认可的系列。

## 中国民用航空局
### CIVIL AVIATION ADMINISTRATION OF CHINA (CAAC)

## 许可维修项目
### LIMITATION OF MAINTENANCE ITEMS

地点：*****

下列航空器的定期检修：

　　***系列：限***FH/**Y（含）以下定期检修。
　　（以上定期检修能力含可结合完成的修理、改装）

下列型号发动机的维修：

　　***系列发动机翻修。

下列型号螺旋桨的维修：

　　***系列螺旋桨翻修。

下列航空器部件维修：

| ATA 章节 | ATA 子章节 | 具体部件限制 |
|---|---|---|
| ATA-** ** 系统 | **** | 无 |
|  | **** | 无 |

**局长授权** / For the Administrator of CAAC

签字/SIGNATURE：

_____

职务/POSITION：

_____

颁发日期/DATE ISSUED：

****年**月**日

再次颁发日期/DATE REISSUED：

图 4.5　许可维修项目页样件

对于部件维修项目，仅列出该部件所属的 ATA 章和 ATA 首位子章节（代码规则依照"航空器系统/部件通用代码表"），以及具体部件限制。因部件维修在许可维修项目页仅标注了 ATA 章和 ATA 首位子章节，维修单位还应当按照 AC-145-FS-001R1 和 AC-145-FS-002R2 附录 B 的样例，编制一份包含部件件号、名称、制造厂家、维修工作类别等信息的部件维修能力清单，发局方备案并提供公众查询。

CCAR-145R4 修订的同时，局方推进维修单位对不涉及更改证件的部件维修能力进行自审自批。虽然此种维修能力的新增、暂停和取消由维修单位自行管理，但维修单位还是应定期进行 FSOP 系统信息的更新，以保证 FSOP 系统能力信息与维修单位能力信息一致，便于局方的管理。

除上述维修项目类别外，如维修单位具备发动机更换、起落架更换、无损检测、孔探、整机喷漆、航空器拆解和客改货等能力，以"其他维修项目"列出，并具体说明。

（二）维修许可证的保管

维修许可证作为行政机关"民航局"对行政相对人"民用航空器维修单位"作出行政许可的证明，是不可转让、转借、出租或者涂改的。另外，申请人获得维修许可证后，应当将其展示在维修单位的主要办公地点。

## 七、第 145.10 条 维修许可证的有效性

维修许可证自颁发之日起 3 年内有效。维修单位可以申请延续有效期，但是应当在有效期届满前至少 6 个月向局方提出延续维修许可证有效期的书面申请，并提交申请书等民航局规定的申请材料。申请的受理、审查、批准程序与初次申请相同。每次延续的有效期限最长为 3 年。超过有效期后的再次申请视为初次申请。

维修单位不再具备安全生产条件的，局方撤销其维修许可。

有下列情况之一的，局方应当办理维修许可证的注销手续：
(a) 维修许可依法被撤销，或者维修许可证依法被吊销的；
(b) 维修单位依法终止的；
(c) 法律、行政法规规定的应当注销行政许可的其他情形。

## （一）维修许可证有效期

维修许可证有效期经历了多次修订，1988 年颁发的 CCAR-145 部第一版，将维修许可证有效期确定为 3 年。1993 年的 CCAR-145 R1 版，将维修许可证有效期修订为批准限定期内。2001 年的 CCAR-145 R2 版，修订为 2 年。2005 年的 CCAR-145 R3 版，修订为长期有效。本次修订，将有效期确定 3 年内，且每次延续的有效期限最长为 3 年。

对于国外维修单位，如本国民航局批准维修许可证有效期不足 36 个月，将按其本国许可证的有效期进行限制。

维修许可证颁发后，在有效期内有效。局方还将对维修单位的符合性进行定期或不定期的监督检查，一旦发现维修单位不再具备安全生产条件时，局方有权力撤回颁发的维修许可证。

对维修许可证有效期的管理，各国有不同的规定。FAA 对国内维修单位颁发的维修许可证，在被放弃、暂停或吊销前一直有效。对国外维修单位，自发证之日起 12 个月内有效，在有效期终止前提出延长有效期申请，可延长有效期 24 个月。EASA 要求在 24 个月内，对维修机构进行一次彻底的审计。

## （二）维修许可证更新

当维修许可证有效期临近时，维修单位应当在到期前至少 6 个月在 FSOP 系统向合格证管理局提交"维修许可证申请书"，并附以下资料：
（1）维修管理手册变更草稿（按需）。
（2）培训大纲变更草稿（按需）。
（3）必要的说明。

## 八、第 145.11 条 变更申请和办理

维修单位在名称、地址、维修类别发生变化时，应当至少提前 60 日向局方提出变更维修许可证的书面申请。申请的受理、审查、批准程序与初次申请相同。

维修单位在厂房设施、人员、组织机构、维修能力和管理要求等情况发生较大变化时，应当提前通知局方，并按照局方要求及时修改本规则第 145.28 条要求的维修单位手册。

当维修单位发生以下变化时，须申请维修许可证变更：

（1）维修单位的名称和地址发生变化。

（2）维修单位的维修管理体系和维修管理手册发生重大变化。

（3）增加影响维修许可证信息的维修项目。

（4）局方认可的其他变更。

变更申请，同样需要在 FSOP 系统提交"维修许可证申请书"，申请书中勾选相应的申请类别，并附以下资料：

（1）维修管理手册变更草稿（按需）。

（2）培训大纲变更草稿（按需）；

（3）具体部件维修能力清单的变更草稿（按需）。

（4）其他必要的说明。

合格证管理局在收到上述完整的申请资料后，将于 5 个工作日内向申请人反馈受理情况，包括明确仅文件审查或需进行现场审查，并附收费通知。如果不涉及维修管理体系、管理文件重大变更和维修项目变更，一般无须现场审查，合格证管理局将通过文审流程对变更予以相应处理。

如仅文件审查，将由合格证管理局在确认收到交纳的审查收费后直接对申请材料进行文件审查；如需现场审查，合格证管理局将与申请人的责任联络人员协调确定审查计划，选派审查组，并在确认收到交纳的审查收费后进行文件和现场审查。

审查和颁发变更的维修许可证程序与初次申请相同，但变更的维修许可证将不改变其有效期。

## 九、第145.12条 维修单位的权利

维修单位在获得维修许可证后具有下列权利：

（a）在维修许可证限定的维修范围内按照维修合同或者协议，进行民用航空器或者其部件的维修工作；

（b）在维修许可证限定的地点以外进行应急情况支援和简单的售后服务工作。除上述情况外，在维修许可证限定的地点以外一次性或者短期从事批准范围内的维修工作项目时，应当在其维修单位手册中说明其确保符合本规则第四章要求的程序，并在获得局方的批准后方可进行；

（c）维修单位可以授权维修放行人员对按照相应技术文件的要求完成的某项完整维修工作签发维修放行证明文件。

### （一）平等权利

《中华人民共和国行政许可法》第五条规定，设定和实施行政许可应当遵循公开、公平、公正、非歧视的原则。符合法定条件、标准的，申请人有依法取得行政许可的平等权利，行政机关不得歧视任何人。

### （二）异议权利

《中华人民共和国行政许可法》第三十八条规定，行政机关依法作出不予行政许可的书面决定的，应当说明理由，并告知申请人享有依法申请行政复议或者提起行政诉讼的权利。

### （三）维修权利

在许可证限定的范围和地点实施维修。

## （四）售后服务权利

维修单位在完成航空器定期检修工作后，可以在限定的维修地点以外进行简单的售后服务工作，包含对发现的维修工作质量问题或缺陷进行补充或纠正工作、对航空器系统进行必要的调试工作，无须局方批准。

## （五）异地维修权利

异地维修是指持有维修许可证的维修单位在批准的维修地点之外实施一次性或者短期维修工作。维修单位在维修许可证批准的地点以外的任何维修工作应当在其《维修管理手册》中包含异地维修管理程序并获得批准后方可实施。另外，民航局2019年7月5日发布的AC-145-FS-016R2《多地点维修单位和异地维修》对异地维修进行了相关限制，详见该咨询通告。

## 十、第145.13条 维修单位的义务

维修单位应当保持本单位持续符合本规则的要求并按照管理手册规范管理，及时发现并改正其存在的缺陷和不足。

维修单位应当对民用航空器或者其部件所进行的维修工作满足相应技术文件的要求负责。在送修人提出的维修要求不能保证满足相应技术文件的要求时，维修单位应当告知送修人实际情况，并不得签发维修放行证明文件。

维修单位使用本规则第145.14条所述的不具有维修许可证的外委单位的，应当对外委的维修工作满足相应技术文件的要求承担全部责任。

维修单位应当如实向局方报告以下信息：

（a）按年度报告本单位按照本规则对民用航空器或者其部件实施维修的情况；

（b）本规则第145.32条规定的缺陷和不适航状况报告；

（c）局方要求的与维修质量和民用航空器事件调查有关的其他信息。

维修单位应当配合局方审查、监督和调查。

## （一）持续合规义务

维修单位有义务保持本单位持续符合本规则的要求。

## （二）及时报告义务

维修单位每年 2 月 1 日前，应按照本规则第 145.33 条的要求，向局方报告本单位对民用航空器或者其部件实施维修的情况。报告按规定格式编写，由质量经理签名，经 FSOP 系统报告。

维修单位在实施维修过程中，如发现本规则第 145.32 条的"缺陷和不适航状况"，应当在 FSOP 系统将相关情况报告局方。

维修单位还应当报告局方要求的维修质量和民用航空器事件调查相关的信息。

除上述要求的报告外，为确保维修单位持续符合本规则的要求，维修单位还应当及时向局方报告以下情况：

（1）维修单位设施、设备出现较大变更。

（2）维修单位责任经理、质量经理、生产经理以及其他重要的管理人员变更。

（3）组织机构的重大调整。

（4）人员数量的大量增加或减少。

（5）长时间中断维修工作。

（6）外协单位的重大调整。

（7）放行人员的重大调整。

局方根据上述报告情况，判断是否需要新增审查。

另外，按照 CCAR-398 部《民用航空安全信息管理规定》的要求，维修单位还应当向相关部门报告民用航空安全信息。

## （三）配合审查义务

《中华人民共和国行政许可法》第六十二条规定，行政机关可以对被许可人生产经营的产品依法进行抽样检查、检验、检测，对其生产经营场所依法进行实地检查。检查时，行政机关可以依法查阅或者要求被许可人报送有关材料；被许可人应当如实提供有关情况和材料。维修单位有义务配合局方完成审查、监督和调查。

## 十一、第145.14条 外委

除主要维修工作、最终测试及放行工作外，维修单位可以对维修许可证限定范围内维修工作中个别专业性较强的工作环节或者子部件修理等部分维修工作选择符合局方要求的外委维修单位进行维修。

维修单位选择外委维修的，应当建立质量系统控制下的评估制度。

本规则允许维修单位将子部件的维修和为保证维修工作正常开展的其他专业性工作协议委托给持证或未持证的单位和个人（简称"被委托方"），在AC-145-15R1《维修单位的质量安全管理体系》中，对"外委"的内容进行了丰富，分别为外委维修、工具设备校验、航材供应、材料分析化验和协议使用其他单位的人员。对于实施上述五项外协的被委托方，规章要求由持证维修单位质量经理或者其授权人员指派专职或者兼职质量审核人员，以评估工作单的方式对具体外委项目进行现场或书面评估。并且持证维修单位还应当至少每二年为周期开展重复评估，以确保被委托方能持续保持相应的资质。特别是对于无CCAR-145部批准的维修许可证的被委托方和航材分销商，要求进行现场评估。评估合格的外协单位，应当建立外协单位和事项清单，随同《维修管理手册》一起获得局方批准，并在持证维修单位内部公布。

### （一）外委维修

自1988年发布CCAR-145部规章以来，中国民航维修能力、维修人员、维修培训机构快速增长。截止到2022年年底，CAAC批准的维修单位总数为904家，其中国外维修单位470家，国内维修单位434家，基本可以满足国内航空器的维修需求。虽然 CAAC、FAA 和 EASA 均允许将维修工作委托给持证或未持证的单位，但是由于航空器维修对安全方面的特殊要求，建议按照以下优先级完成外委维修：

（1）CAAC 批准的国内维修单位（最优）。

（2）CAAC 批准的国外维修单位。

（3）原制造厂。

（4）原制造厂所在国批准的维修单位。

（5）原制造厂推荐的维修单位。

（6）其他 FAA 或 EASA 批准的维修单位。

（7）经评估的其他单位（仅限于专业性较强的工作或子零件的修理）。

为满足中国民用航空规章及相关咨询通告的要求，对被委托方还应按表4.1 的方式进行评估，以将其纳入持证维修单位的质量管理体系。

表 4.1 外委维修的评估

| 外协类别 | 外协单位 | | 外协单位满足的条件 | 审查方式 |
|---|---|---|---|---|
| 外委维修 | 国内维修单位 | 子部件 | 1. 有效 CCAR-145 部维修许可证并具备相关维修能力；<br>2. 厂房设施等满足修理实施的确认函；<br>3. 营业执照或法人证书 | 文件审查 |
| | | | 1. 有效的 CCAR-145 部维修许可证并具备相关维修能力；<br>2. 厂房设施等满足修理实施的确认函；<br>3. 营业执照或法人证书 | 文件审查 |
| | | 子零件 | 1. 经查阅 CCAR-145 部维修单位无该项维修能力；<br>2. 修理技术标准材料；<br>3. 营业执照或法人证书；<br>4. 持有相应特种作业的证件（如委托工作为焊接，操作人员应持有焊工证）；<br>5. 其他证件；<br>6. 厂房设施等满足修理实施的确认函 | 文件审查和现场审查 |

续表

| 外协类别 | 外协单位 | 外协单位满足的条件 | 审查方式 |
|---|---|---|---|
| 外委维修 | 国外维修单位 | 1. 有效 CCAR-145 部维修许可证并具备相关维修能力；<br>2. 厂房设施等满足修理实施的确认函 | 文件审查 |
| | | 子部件<br>1. 经查阅 CCAR-145 部维修单位无该项维修能力；<br>2. 厂家推荐或无法推荐证明材料；<br>3. 有效 FAA 或 EASA 维修许可证（优先选择厂家授权或推荐维修单位）或厂家推荐的具有所在国民航当局批准的维修单位许可证；<br>4. 其他证件 | 文件审查 |
| | | 子零件<br>1. CCAR-145 部维修单位无该项维修能力的证明材料；<br>2. 厂家推荐或无法推荐证明材料；<br>3. 有效 FAA 或 EASA 维修许可证（优先选择厂家授权或推荐维修单位）或厂家推荐的具有所在国民航当局批准的维修单位许可证；<br>4. 其他证件；<br>5. 修理后数据测量符合证明材料 | 文件审查 |

## （二）工具设备校验

按照当前《国家计量检定规程》《民航计量技术规范》等相关要求，在民航维修中使用的需进行校验的工具分为 3 种，分别为强制检定的计量器具、定期校准的测量工具和测试设备、定期校验的测量工具和测试设备。对于强制检定的计量器具，需送法定计量检定机构进行检定。法定计量检定机构均持有中华人民共和国法定计量检定机构计量授权证书。对于定期校准的测量工具和测试设备，可自校，也可外校。推荐持有法定计量检定机构计量授权证书或 CNAS（中国合格评定国家认可委员会）证书的单位进行外校。对于定期校验的测量工具和测试设备，需要按照自行编制的自校规程完成校验。对工具设备校验单位还应按表 4.2 的要求进行评估，以将其纳入持证维修单位的质量管理体系。

表 4.2　工具设备校验外协评估

| 外协类别 | 外协单位 | | 外协单位满足的条件 | 审查方式 |
|---|---|---|---|---|
| 工具设备校验 | 限国内 | 持证单位 | 1. 持有 CNAS 证书或中华人民共和国法定记录检定机构计量授权证书；<br>2. 营业执照或法人证书 | 文件审查 |
| | | 无证单位 | | 现场评估 |

### （三）航材供应商

对于航材，优先选择获得航空器或航空器部件制造厂家的授权，或取得中国民用航空维修协会颁发的航材分销商证书，或民航局认可的其他协会颁发证书的供应商。对于航空油料，优先选择取得中国民用航空维修协会颁发或认可的航材分销商证书，或民航局的《航空油料供应企业适航批准书》的供应商。对于取得相关证书的供应商，维修单位可简化或免除质量部门的评估。未取得上述证书的供应商，应按照 AC-145-FS-001 R1 的要求进行现场审查。对于其他日常维修用耗材供应商，选择能够保证供应质量的单位，并建立日常检验制度，及时发现不合格品。上述单位应按表 4.3 的要求进行评估，以将其纳入持证维修单位的质量管理体系。[1]

---

[1] 2020 年 9 月发布的 IB-FS-MAT-001 R1《民航局认可的航材分销商评估》认可航空供应商协会（ASA）评估的供应商。

表 4.3  航材供应商外协评估

| 外协类别 | 外协单位 | 条件 | 审查方式 |
| --- | --- | --- | --- |
| 航材供应商 | 限国内 航空油料供应商 | 1. 航空油料供应企业适航批准书；<br>2. 营业执照或法人证书 | 文件审查 |
| | 航空器材供应商 | 1. 航材分销商证书或民航维修协会认可的其他航材分销商证书；<br>2. 原制造厂授权证书；<br>3. 营业执照或法人证书 | 文件审查 |
| | 其他 | 1. 同类型认可证书；<br>2. 营业执照或法人证书 | 文件审查和现场审查 |

## （四）材料分析/化验

1. 维修中什么时候需要做材料分析化验？

（1）维修前的材料性能、成分分析。

按照 ATA100 规范要求，航空器维修手册（AMM）每个章节需包含说明及操作、故障分析、维护措施、勤务、拆卸/安装等内容。由于 AMM 并非飞机设计资料，大多数情况下 AMM 是不提供飞机结构的材料性能和材料成分等详细信息的。按照当前流行的等强度修理原则，当飞机结构（其他零件也类似）出现损伤时，如需修理，就需要清楚地知晓材料成分、力学性能，必要的时候可能还需要了解材料的电学性能、磁学性能和化学性能等。而这些信息的来源，有两个途径，一个是向厂家索要，另一个就是对材料进行分析化验。

材料成分分析的主要目的通过对材料成分进行定性和定量分析，确定该材料的物质组成种类，以对应维修使用的替代材料。材料性能分析是通过不同的试验方法，来确定材料性能指标，如硬度、强度、塑性、韧性、疲劳等。如果说材料成分分析是"画皮"的话，性能分析则是"画骨"。

（2）航空器运行中的性能监测。

航空器运行中最常见的性能监测方法，就是对发动机的润滑油进行光谱分析。其目的是通过对润滑油中磨粒所含元素的种类、含量进行检测，鉴别润滑油中磨粒的成分和数量，汇集一段时期内的分析数据后，通过数据趋势可预测发动机的磨损状态。

（3）故障后的原因调查。

当航空器的零件出现断裂、严重腐蚀、严重磨损、变形时，可用试验检测技术与方法，找出零件失效的原因，以完成恢复航空器适航性的修复或对失效零件进行改进，也就是常说的"失效分析"。失效分析中最常见的是金属断口分析。断口是断裂过程最真实、完整的记录，从宏观到微观的断口分析可以揭示材料从裂纹形成到断裂的各个进程中主断裂面的受力情况、介质环境情况、材料制造情况以及损伤过程等。

（4）自制件的制造。

按照CCAR-145R4第145.20条的规定"对于航空器运营人的维修单位，允许其按照符合局方规定的工作程序生产少量自制件用于其自身维修工作……"即使CCAR-145R4对自制件的范围进行了严格限制，"仅限于其故障、失效或者缺陷不直接造成《民用航空产品和零部件合格审定规定》第21.5条第（二）款所列任一情况的航空器部件任一后果的情况"，在进行自制件的生产前，仍然需要对被自制件替代的原制造厂件进行材料性能分析，并对自制件的力学性能等进行检测，以保证自制件符合原始设计要求。如自制件用于改装，需要对自制件安装后的受力等进行分析，仍然需要对自制件所选择的材料等进行检测。

2. 材料分析化验的内容

常见的材料分析化验主要包含：

（1）材料成分分析。

材料成分分析有8种常见方法：化学分析法、原子光谱法、X射线能量色散谱法、电子能谱分析法、X射线衍射法、质谱法、分光光度计法、火花直读光谱法。

电子能谱分析方法是 20 世纪 70 年代以来迅速发展起来的表面成分分析方法。这种方法是对用光子（电磁辐射）或粒子（电子、离子、原子等）照射或轰击材料（原子、分子或固体）产生的电子能谱进行分析的方法。其中，俄歇电子能谱、光电子能谱、X 射线光电子能谱和紫外光电子能谱等能对样品表面的浅层元素的组成给出比较精确的分析，同时还能在动态的条件下测量薄膜在形成过程中的成分分布、变化。

质谱法即用电场和磁场将运动的离子，按它们的质荷比分离后进行检测的方法。测出离子准确质量即可确定离子的化合物组成。

材料成分分析综合利用定性、定量分析手段，精确测定材料的各类组成成分、元素含量以及填料含量，再将检测的结果通过技术人员的逆向推导，最终完成对样品未知成分的定性、定量判断。材料成分分析需要根据材料的状态（固体、粉末、有机物、无机物），使用不同的方法测定，再通过专业人士进行判定。

（2）材料性能分析。

材料性能分析主要分为 4 个方面，即机械性能、化学性能、物理性能、工艺性能。当前，在航空维修中，最常见的是材料机械性能分析。

材料在一定温度条件下承受外力（载荷）作用时，抵抗变形和断裂的能力称为材料的机械性能（也称为力学性能）。材料承受的载荷有多种形式，它可以是静态载荷，也可以是动态载荷，包括单独或同时承受的拉伸应力、压应力、弯曲应力、剪切应力、扭转应力，以及摩擦、振动、冲击等。衡量材料机械性能的材料性能分析指标主要有强度极限、屈服强度极限、弹性极限、弹性模量等。

（3）润滑油光谱分析。

润滑油光谱元素分析是利用气体火焰、电弧或等离子体火焰等方式激发油液试样，使试样中各微量元素的原子释放出具有特征频率的光子，获得发射光谱，通过测量各谱线的波长以及相对强度，来求得所含元素的种类及含量。光谱分析的优点是快速，可以分析多种成分，但由于受到激发方式的限制，光谱元素分析主要针对的是金属小颗粒，对于超过 10 μm 的颗粒不敏感。

润滑油光谱分析需要提前建立发动机材料成分数据库，并对正常发动机进行磨损微粒数据积累。因为不同磨损时期（磨合磨损期、正常磨损期、剧烈磨损期）的模式微粒在尺寸、数量、分布等方面存在着明显区别。只有对该台发动机前期正常的数据有全部的积累，才能判断出数据的异常，如某种元素的含量急剧增加等，以及预测发动机内部零件的磨损趋势。此外，润滑油分析前的油样采集也是非常重要的环节，采样时间、采样周期、采样位置均会影响数据的准确性。通常应在发动机运行稳定和磨损产物均匀混合，在停车后，尽早进行采样，以避免大磨损微粒沉降后影响油样数据。采样时间、采样周期、采样位置最好有发动机厂家的指导。

润滑油光谱分析虽然是较好的分析发动机性能的方法，也不可乱用。一是润滑油光谱分析价格昂贵，如发动机使用定期翻修的维修方式，无须使用润滑油光谱分析数据来进行视情维修决策，则润滑油光谱分析是非必要的，将徒增巨大的维修成本。如果发动机本身的价值不高的话，使用润滑油光谱分析是一项极不划算的事情。二是润滑油光谱分析需要进行大量的前期数据积累和专业的工程师进行分析判断，仅有少量的油样数据，并不能准确判断发动机的故障原因和性能趋势。

（4）断口分析。

材料断口会保留整个断裂过程的所有痕迹，记录了断裂的全部信息，对材料断口进行观察分析是判断断裂原因的重要方法。断口分析的实验基础是对断口表面的宏观形貌和微观结构特征进行直接观察和分析。通常把低于40倍的观察称为宏观观察，高于40倍的观察称为微观观察。对断口进行宏观观察的仪器主要是放大镜（约10倍）和体视显微镜（5~50倍）等。在很多情况下，利用宏观观察就可以判定断裂的性质、起始位置和裂纹扩展路径。但如果要对断裂起点附近进行细致研究，分析断裂原因和断裂机制，可进行微观观察。

3. 材料分析化验外协单位选择

（1）CNAS 认证实验室。

中国合格评定国家认可委员会（China National Accreditation Service for Conformity Assessment，CNAS）是在原中国认证机构国家认可委员会（CNAB）和中国实验室国家认可委员会（CNAL）基础上合并重组而成的。中国合格评定国家认可制度已经融入国际认可互认体系，并在国际认可互认体系中有着重要的地位，发挥着重要的作用。根据中国加入世贸组织的有关协定，"CNAS"标志在国际上可以得到互认（能得到美国、日本、法国、德国、英国等国家的承认）。获得 CNAS 认证的机构可在中国合格评定国家认可委员会网站查询。

（2）CMA 认证机构。

检验检测机构资质认定（China Inspection Body and Laboratory Mandatory Approval，CMA）是根据中华人民共和国计量法的规定，由省级以上人民政府质量技术监督部门对检测机构的检测能力及可靠性进行的一种全面的认证及评价。这种认证对象是所有对社会出具公正数据的产品质量监督检验机构及其他各类实验室。获得 CMA 认可的机构可在全国认证认可信息公共服务平台查询。

（3）民航局直属科研机构实验室。

中国民航科学技术研究院（简称"航科院"，China Academy of Civil Aviation Science and Technology）是民航局直属事业单位，是科技部批准的综合性科研机构（正司局级）。中国民用航空局航空事故调查中心于 2007 年 7 月由民航局批准成立，挂靠民航科学技术研究院。事故调查中心是我国民航唯一的专职事故调查机构，承担我国民航事故调查专职化、独立化、国际化建设的重任。该机构主要开展事故征候及事故的调查、调查员培训、事故预防研究等工作，可满足绝大部分材料分析化验需求。

中国民航局第二研究所是我国民航行业内专业从事高新技术应用开发的科研机构，其前身为中国民航总局科学研究所，于1958年12月11日在北京成立，现位于四川省成都市二环路南二段17号。中国民航局第二研究所主要从事民航信息管理系统、空中交通管理系统、机场弱电系统、航空物流系统、航空安全管理系统、航空化学产品、农林航空产品的设计、研究、开发及科技成果产业化推广，同时还承担了航化产品适航性能、飞机非金属材料阻燃性能、农林航空喷洒设备、空管自动化系统、空管雷达系统的技术测试及航油适航审定、民航节能减排监测等民航行业技术支持工作。中国民用航空航油航化适航审定中心（简称"航油航化审定中心"）是中国民用航空局于2010年2月批复成立的事业单位，设在中国民航局第二研究所内，其业务接受中国民用航空局适航审定司监督指导。该中心是我国唯一的民用航空油料和航空化学品适航审定专业机构，是从事航空材料及工艺方法试验和鉴定的委任单位，是目前国内乃至亚洲地区设施最完善的航化产品与飞机材料相容性、飞机舱内材料防火安全性的权威评估机构。该中心获得民航局授权开展密度、闪点、冰点、全浸腐蚀、盐雾腐蚀、应力腐蚀、氢脆等航空油料和航空化学品适航测试，以及热释放、座椅垫燃烧、烟密度等飞机舱内材料防火安全性适航测试。

　　（4）国内科研机构、高校下属实验室。

　　近年来，我国高校实验室建设成果显著，初步形成学科门类齐全、类型多样、区域分布合理的国家级、省级实验室体系。2014年，国务院发布《国务院关于国家重大科研基础设施和大型科研仪器向社会开放的意见》（国发〔2014〕70号），当前各省、重点高校均建设有科研设施与仪器设备开放共享服务平台，可提供相应检测服务。

　　（5）其他实验室。

　　国内部分大型企业，为自身生产服务需要，也建设有各类检测实验室。在这些实验室中，部分取得了国内/国际认证，部分并未取得认证，这类实验室也可作为材料分析化验外协单位，但对未取得认证的单位，需要对其能力进行审查。

## 4. 材料分析化验单位评估

与工具设备校验一样，材料分析化验也是一项非常专业的工作，在国内应当由中国民航科学技术研究院、中国民航局第二研究和持有 CMA（中国计量认证/认可）证书或 CNAS（中国合格评定国家认可委员会）证书的单位完成。对材料分析化验单位还应按表 4.4 的要求进行评估，以将其纳入持证维修单位的质量管理体系。

表 4.4 材料分析化验外协评估

| 外协类别 | 外协单位 | | 外协单位满足的条件 | 审查方式 |
| --- | --- | --- | --- | --- |
| 材料分析化验 | 限国内 | 航科院/二所 | 具备完成材料分析化验能力的确认函 | 文件审查 |
| | | CMA 和 CNAS 认可单位 | 1. 有效 CNAS 证书或 CMA 证书；<br>2. 营业执照或法人证书 | 文件审查 |
| | | 其他 | 1. 同类型认可证书；<br>2. 营业执照或法人证书 | 文件审查和现场审查 |

### （五）自制件的制造

中国民航规章及其咨询通告未对维修单位自制件的外协进行相关规定，但参考 AC-145-15《维修单位的质量安全管理体系》的要求，民用航空器维修单位应当对自制件外协制造单位进行评估，将外协制造单位纳入维修单位的质量管理体系，以确保生产的零件符合设计数据，还应建立自制件制造控制程序，以规范外协制造单位的管理。

## 十二、第 145.15 条 等效安全情况

维修规模较小或者在其他特殊情况下，维修单位在保证所维修的民用航空器或者其部件具有同等安全性的前提下，可以就本规则的某些条款向局方提出如下等效的符合性方法：

（a）规模较小的维修单位或者仅从事特种作业或者航线维修工作的维修单位，其责任经理、质量经理和生产经理可以由一人兼任；其维修管理手册和工作程序手册可以合并为一册。

（b）对于有多个维修地点的维修单位，如果能表明建立了有效的统一管理和手册体系，可以颁发一个维修许可证并注明每一地点的维修能力。

（c）航空器运营人的维修单位基地或者分基地以外的航线维修可以不限定地点，通过外站管理体系，由其自行管理。

（d）局方认为可以接受的其他等效的符合性方法。

## （一）规模较小维修单位

本条款的目的在于对某些特殊情况下，维修单位对本规则的某些条款进行豁免。由于这些维修单位在规模上有限或者从事特殊的专业性工作，因此不一定需要全部满足本规则的条款，如规则对维修单位手册和管理系统的要求，前提是这些单位不得因此降低安全标准。

本条款所述的规模较小维修单位指规模很小以及所进行的维修项目很少，受限于规模，这些单位的维修能力必然有限，申请人可依据本条款申请对本规则某些要求予以豁免，但以下内容一般不能豁免：

（1）维修手册的要求。

（2）维修工作中必需的现行有效技术文件、工具设备和器材的要求。

（3）维修人员和放行人员的要求。

（4）质量系统质量否决权的要求。

## （二）航线维修

详见 AC-145-FS-006 R3《航空器航线维修》。

# 第五章

# 维修类别

本章共 2 条内容，分别定义了允许的维修工作类别和维修项目类别，其目的是对维修工作内容和维修工作深度给出标准，以便统一控制，使颁发的维修许可证更加清楚、明确。

相对 CCAR-145 R3，本规则修订了维修工作类别中"航线维修"的定义，将维修项目类别中"动力装置"修订为"发动机"，删除了"特种作业"维修项目类别。

## 一、第 145.16 条 维修工作类别

本规则所指的维修工作分为如下类别：

（a）检测，指不分解民用航空器部件，而根据相应技术文件的要求，通过离位的试验和功能测试来确定航空器部件的可用性。

（b）修理，指根据相应技术文件的要求，通过各种手段使偏离可用状态的民用航空器或者其部件恢复到可用状态。

（c）改装，指根据相应技术文件的要求对民用航空器或者其部件实施的各类设计更改。此处所指的改装不包括对改装方案中涉及设计更改方面内容的批准。

（d）翻修，指根据相应技术文件的要求，通过对民用航空器或者其部件进行分解、清洗、检查、必要的修理或者换件、重新组装和测试来恢复民用航空器或者其部件的使用寿命或者适航性状态。

（e）航线维修，指根据相应技术文件的要求对航线运行中的民用航空器进行的例行检查和故障、缺陷的处理。下列一般勤务工作不视为航线维修：

（1）民用航空器进出港指挥、停放、推、拖、挡轮挡、拿取和堵放各种堵盖；

（2）为民用航空器提供电源、气源、加（放）水、加（放）油料、充气、充氧；

（3）必要的清洁和除冰、雪、霜；

（4）其他必要的勤务工作。

（f）定期检修，指根据相应技术文件的要求，在民用航空器或者其部件使用达到一定时限时进行的检查和修理。定期检修适用于机体和发动机项目，不包括翻修。

（g）其他维修工作类别。

## （一）维修工作类别

维修工作类别首次出现是在1993年颁发的CCAR-145 R1版，包含了校验、改装、修理、翻修、航线维修、定期检修和其他七类，2001年的CCAR-145 R2版将"校验"修改为"检测"并增加了定义，之后的历次修订一直保持这一维修工作类别的分类和定义。

相对CCAR-145 R3，CCAR-145 R4对维修工作类别的管理进行了调整：

（1）高级别类别对低级别类别的覆盖，修理自动包含检测能力，翻修自动包含检测、修理和定期检修能力。如某机体项目具备了翻修能力，那么其自动包含翻修间隔之下的定期检修，维修单位无须再单独申请定期检修（发动机、螺旋桨和部件与之类似）。

（2）可结合修理、翻修执行的改装工作，无须特别申请。对于改装，维修单位实施相关工作前，应建立在质量系统控制下的修理和改装能力评估程序，维修单位执行评估后无需局方批准即可实施。

## （二）维修工作类别的使用

AC-145-FS-001 R1《国内维修单位的申请和批准》对维修项目对应的维修工作类别进行了详细说明，由于民用航空的国际性，实际使用中可能还涉及中外维修工作类别的对应。以美国联邦航空规章和欧洲航空安全局规章为例，CCAR-145部中的测试、修理、改装和翻修，可对应美国联邦航空规章和欧洲航空安全局规章中的 Test、Repair、Alteration（Modified）和 Overhaul 工作类别。

但由于语言和习惯上的差异，在具体的使用场景下，每个相对应的维修工作类别，可能存在细微的差异。除上述四类主要维修类别外，在 14 CFR Part 43 和 Part 91 中，还出现了"Rebuilt"和"Remanufacture"工作类别，并使用 AC 42-11 和 AC 20-62 进行了解释。

此外，在通用航空器的维修中，美国联邦航空局发布的 AC 43-11 "Reciprocating Engine Overhaul Terminology and Standards"对"Overhaul" "Rebuilt" "Remanufacture"这三个词在往复式发动机修理中的应用进行了详细的解释。在这部咨询通告中，"Overhaul"分为两种类型，分别为"Major overhaul"和"Top overhaul"。

"Major overhaul"包含完成的发动机拆解。"Overhaul"的机构对零部件进行检查、必要的修理、重新组装、测试，并按照制造商的"Overhaul"规定的配合和限制数据批准其恢复使用。这个数据可以是新发动机的配合和限制数据，也可以是使用中发动机的限制数据。发动机所有者必须清楚地了解发动机进行"Overhaul"时使用的配合和限制数据。发动机所有者还应了解因制造商限制、服务通告（SB）或适航指令（AD）更换的零件。

"Top overhaul"包括对曲轴箱外部零件的修理，可以在不完全拆卸整个发动机的情况下完成。包括拆卸气缸、检查和修理气缸、检查和修理气缸壁、活塞、气门机构、气门导套、气门座以及更换活塞和活塞环。所有制造商都不推荐进行"Top overhaul"。一些制造商表示，如果一台发动机需要进行这种程度工作，还不如直接进行"Major overhaul"。

"Rebuilt"发动机是指对一台使用过的发动机进行完全拆解、检查、必要的修理、重新组装、测试和批准，无论其使用的新零件还是旧零件，其公差和限制必须与新发动机相同。使用的所有零件必须符合新零件的生产图纸公差和极限，或者具有与新发动机一致的经批准的加大或缩小尺寸。对于发动机所有者和运营商，"Rebuilt"发动机无须追溯其过往历史，由经制造商或制造商批准机构"Rebuilt"的发动机，可使用新的履历记录。

"Remanufacture"这个术语在美国联邦法规中没有具体的描述，仅在咨询通告 FAR AC 43-11 进行了解释。因为新发动机是使用原材料制造的产品，这些原材料被制造成发动机 TC 规定的零件和附件。那么，从字面上理解，"Remanufacture"意味着必须将零件还原成原材料，再重新制造。但是，大多数发动机制造商和发动机修理机构使用"Remanufacture"，指的是经过"Overhaul"，并符合将发动机使用时间归零的标准。并非所有的发动机修理机构都可以将使用时间归零，一些修理机构可能会使用新的标准，并可能不被授予将发动机使用时间归零。

虽然国内外在维修方面的要求基本趋于一致，但在具体规章条款并不能一一对应，对于上述特殊情况，维修单位在使用进口航空器的技术文件时，应一事一议，以准确地将技术文件描述的维修工作类别与本规则维修工作类别对应。

## （三）航线维修

CCAR-145 R4 对航线维修的监管政策进行了大的调整，认为航线维修能力是航空运营人维修系统的必须组成部分，航线维修的批准只适合颁发给航空运营人维修单位。调整后只有航空运营人自己的维修部门拥有航线维修许可，在主基地外的航线维修变为航空运营人自己的维修能力延伸，航空运营人可以自行委托给第三方，由航空运营人自己对委托单位进行监管并承担相应法律责任。2019 年 8 月 27 日颁发的 AC-145-FS-006 R3《航空器航线维修》对航线维修的申请和管理进行了详细说明。本次调整，强化了航空运营人的持续适航责任主体。

## 二、第 145.17 条 维修项目类别

本规则所指的维修项目分为下列类别：

（a）机体；

（b）发动机；

（c）螺旋桨；

（d）除发动机或者螺旋桨以外的民用航空器部件。

机体、发动机和螺旋桨项目可以包括民用航空器部件的离位或者不离位维修，但当民用航空器部件离位的维修工作不以恢复安装为目的时，应当按照除发动机或者螺旋桨以外的民用航空器部件项目申请。

局方根据具体情况对以上维修项目类别进行具体明确。

### （一）维修项目类别

1988 年颁发的 CCAR-145 部第一版，将维修项目类别划分为机体、动力装置、螺旋桨、无线电设备、仪表、附件类别和有限项目七类。2001 年的 CCAR-145 R2 版，调整为机体、动力装置、螺旋桨、部件、特种作业和其他六类。本次修订将维修项目类别减少为四类，除本规则列出的四类外，国内维修单位还可申请发动机更换、起落架更换、无损检测、孔探、整机喷漆、航空器拆解、客改货这七类其他维修项目。如维修单位的特种作业（无损检测、孔探等）工作仅为支持其具体机体、发动机、螺旋桨或者部件维修工作的环节，不计划单独承接维修工作，无须申请单独项目。对于金属/复合材料修理、焊接、表面处理、油样分析、航空器称重等工作无须取证，由维修单位纳入维修能力清单，自行管理。

对维修项目类别的划分，虽然 CAAC 类别划分方式与 FAA（见表 5.1）、EASA（见表 5.2）均有区别，但最终目标是一致的，将维修单位的工作限制在一定范围内，避免维修单位超出自己的能力实施维修。

表 5.1　FAA 维修项目类别

| 类　别 | 等　级 |
|---|---|
| 机身 | 1级：复合材料结构小型航空器；<br>2级：复合材料结构大型航空器；<br>3级：全金属结构小型航空器；<br>4级：全金属结构大型航空器 |
| 动力装置 | 1级：400匹马力（含）以下活塞式发动机；<br>2级：400匹马力以上活塞式发动机；<br>3级：涡轮发动机 |
| 螺旋桨 | 1级：定距或地面可调的各种木质、金属或复合材料结构螺旋桨；<br>2级：其他螺旋桨 |
| 无线电设备 | 1级：通信设备；<br>2级：导航设备；<br>3级：雷达设备 |
| 仪表设备 | 1级：机械仪表；<br>2级：电气仪表；<br>3级：陀螺仪表；<br>4级：电子仪表 |
| 附件 | 1级：靠摩擦力、液压、机械联动机构或空气压力而工作的机械附件；<br>2级：靠电能工作的电气附件及发电机；<br>3级：靠应用电子管、晶体管或类似器件的电子附件 |
| 有限项目 | （1）特定制造厂家和型号的机体；<br>（2）特定制造厂家和型号的发动机；<br>（3）特定制造厂家和型号的螺旋桨；<br>（4）特定制造厂家和型号的仪表；<br>（5）特定制造厂家和型号的无线电设备；<br>（6）特定制造厂家和型号的附件；<br>（7）起落架部件；<br>（8）浮筒；<br>（9）无损探伤；<br>（10）应急设备；<br>（11）旋翼桨叶；<br>（12）航空器蒙皮作业；<br>（13）FAA认为申请人的要求是合理的其他项目 |

表 5.2 EASA 维修项目类别

| 类别 | 等级 |
|---|---|
| 航空器 | A1 飞机/5700 公斤以上；<br>A2 飞机/5700 公斤及以下；<br>A3 直升机；<br>除了 A1、A2 和 A3 以外的 A4 级航空器 |
| 发动机 | B1 涡轮；<br>B2 活塞；<br>B3 辅助动力装置 |
| 零部件类（不含完整的发动机或辅助动力装置） | C1 空调和压力；<br>C2 自动飞行；<br>C3 通信与导航；<br>……<br>C20 结构 |
| 特种服务 | D1 非破坏性试验 |

## （二）部件维修能力自审自批

2020 年，为全面落实民航局"放管服"改革，为维修单位"减负""增效"，民航局飞行标准司对部件维修能力的管理政策进行了调整，维修许可证仅管理到该部件所属的 ATA 章和 ATA 首位子章节（代码规则依照"航空器系统/部件通用代码表"）。如维修单位新增维修能力，不涉及维修许可证中的 ATA 章和 ATA 首位子章节的变更，在批准的维修许可证中对应"具体部件限制"栏限制为"无"，且维修单位已制定管理程序对部件维修项目进行评估、审批和实施进行管控，维修单位可对该维修项目的新增进行自审自批。自审自批完成后，维修单位应修订《部件维修能力清单》，并及时上传 FSOP 系统备案。

# 第六章

# 维修单位的基本条件和管理要求

本章共 15 条内容，是 CCAR-145 R4 篇幅最大的章节，详细介绍了承担在中华人民共和国注册登记的民用航空器的维修业务的国内外维修单位必须满足的条件。民用航空器的维修是民用航空器持续适航管理的重要组成部分，各国均对维修单位提出了详尽的要求。由于民用航空的国际性，各国虽然对维修单位的管理要求不尽相同，但在基本要素和最终目标上，是趋于一致的。CAAC 对维修单位提出了五大要素（前五条）、四大体系（中间五条）以及人员和手册等（后五条）的要求，这个要求自 CCAR-145 部的第一版确立的"五三"原则开始，经过三十多年不断吸收国内外的管理经验，逐步完善而来。五大要素即厂房设施、工具设备、器材、人员、技术文件，四大体系即安全质量管理、工程技术、生产控制、培训管理。ICAO、FAA 和 EASA 都有类似的要求，ICAO 对维修机构提出了程序手册、质量保证系统、设施、人员、记录和维修放行单七个方面的要求。FAA 对维修单位提出了厂房、设施、人员、设备、器材和技术文件等方面的要求，并要求建立质量控制系统。EASA 对维修单位的厂房设施、人员、设备/工具/材料、器材、维修数据（即技术文件）提出了专门要求，并要求建立生产计划和质量系统。无论是 FAA、EASA，还是 CAAC，在管理民用航空器维修单位的规章中，最核心的要求是维修单位手册和质量系统。维修单位手册中的内容不仅明确批准的工作范围，还表明了维修单位如何符合相关规章的要求，是监管机构文件审查的重点。质量系统是确保维修单位和维修单位的产品持续符合规章的重要部门，是监管机构体系审查的重点。

　　相对 CCAR-145 R3，本版规则最大的改动是增加了维修单位安全管理系统（SMS）的要求，提出了事件和危害报告系统、风险管理系统、安全和质量的内部审核系统、安全和质量监督和保证体系，以及调查与差错管理机制等要求。另外，对责任经理、质量经理和生产经理增加持照要求，对维修放行人员增加了执照英语等级的要求、取消了航空器重要修理和改装工作应当填写《重要修理及改装记录》的要求。

# 第六章 维修单位的基本条件和管理要求

## 一、第 145.18 条 厂房设施

维修单位应当具备符合下列要求的工作环境以及厂房、办公、培训和存储设施：

（a）厂房设施应当满足为进行维修许可证限定范围内维修工作的需要，并保证维修工作免受各种气象环境因素的影响。厂房设施应当符合下列规定：

（1）除航线维修以外，从事机体维修项目的维修单位，其机库应当足以容纳所批准的维修项目。租用机库的，应当向局方提供有效的租赁证明。对于其他维修项目，应当有足够大的车间，以便正常实施维修工作。机库或者车间内应当具备与从事的维修工作相适应的吊挂设备和接近设备。

（2）机库和车间能够保证维修工作有效地避免当地一年内可以预期的雨、雪、冰、雹、风及尘土等气象情况的影响。对于某些机体项目的维修工作，机库不是必需的，但应当同样保证维修工作免受各种气象环境因素的影响。

（b）维修工作环境应当适合维修工作的需要并符合下列规定：

（1）机库和车间应当采取适当的温湿度控制，保证维修工作的质量和维修人员的工作效能。在工作区域内，应当采取有效的防尘措施。

（2）机库和车间应当具有满足维修工作要求的水、电和气源。照明应当能保证每项检查及维修工作有效进行。

（3）噪声应当控制在不影响维修人员执行相应维修工作的水平。不能控制噪声的，应当为维修人员提供必要的保护措施。

（4）工作环境应当满足维修任务的要求。因气温、湿度、雨、雪、冰、雹、风、光和灰尘等因素影响而不能进行维修工作的，应当在工作环境恢复正常后开始工作。

（5）有静电、辐射、尘埃等特殊工作环境要求和易对维修人员造成人身伤害的维修工作，应当配备符合其要求的控制、保护和急救设施。2 米以上的高空作业应当配备相应的保护装置。

（c）办公设施应当符合下列规定：

（1）能够有效地完成维修工作和实施规范管理。

（2）各类管理人员可以在同一办公室工作，但应当具有足够的空间和必要的隔离。

（3）具备维修人员可以有效查阅有关资料及填写维修记录的条件。从事航线维修的，还应当为连续值勤的维修人员提供适当的休息场所，休息场所至维修场所的距离不得导致维修人员疲劳。

（d）培训设施应当满足其培训要求。租用培训设施的，应当向局方提供有效的租赁证明。

（e）具备存储工具设备、器材、技术文件及维修记录的相应设施。存储设施应当满足各类存储物品的下列相应存储要求：

（1）工具设备的存储应当保证工具设备存储的安全，防止意外损伤，特殊工具的存储应当满足工具制造厂家的要求。

（2）器材存储设施应当保证存储器材的安全，可用件与不可用件应当隔离存放。存储环境应当满足清洁、通风及温湿度的要求。特定器材的存储应当满足其制造厂家的要求。

（3）技术文件的存储设施应当保证能够安全存放所有技术文件主本。内部分发的技术文件的存储设施应当保证使用人员容易取用并与参考资料适当隔离。

（4）维修记录的存储设施应当能够防范水、火、丢失、非法修改等不安全因素。

本条阐述了维修单位必须具备的厂房、办公、培训和存储设施，以及为维修人员提供的工作环境要求和安全防护等。对于从事航空器维修的单位，必须有足够大的机库来容纳所修理的航空器。对于从事发动机、螺旋桨或部件维修的单位，必须有容纳所批准维修项目的厂房。机库或厂房允许租赁，但必须有租赁证明。机库或厂房内所有与维修工作相关的设施、设备必须完整、可用。

"一年内可以预期的雨、雪、冰、雹、风及尘土等气象情况"是指一年十二个月期间全部能预期到通常存在的当地气象情况,尽可能避免雨、雪、冰、雹、风及尘土等的影响,并将这些影响减到最小。

为确保维修人员能够正常地完成维修工作,机库或厂房内还应保证有满足需要的供水、供电、供气。灯光必须能够保证所有的维修工作都能准确实施。噪声水平必须控制在不影响工作人员执行相应工作的程度,如果噪声音水平过高,则必须采取必要的保护措施。对于易造成维修人员人身伤害的维修工作,机库或厂房内还应提供劳动保护措施。

无论是安全、质量、工程技术和生产等各领域内的任何管理人员,必须能在良好的办公环境中工作。允许他们在同一间办公室工作,但必须有效隔离。

机库或厂房内,必须提供器材和工具设备的储存设施,技术条件应满足储存要求。一般来说,可用部件必须储存在清洁、温湿度适中并良好通风的地方。另外,对储存设施和生产区域,必须配备有效的消防设施。

## 二、第145.19条 工具设备

维修单位应当根据维修许可证限定的维修范围和有关技术文件确定其维修工作所必需的工具设备,并按下列规定对其进行有效的保管和控制,保证其处于良好可用状态:

(a)维修单位应当具备足够的工具设备,以保证其部分工具设备失效后能够在短期内恢复相关的维修工作。

(b)维修单位可以使用与有关技术文件要求或者推荐的工具设备具有同样功能的替代工具设备,但使用前应当向局方证实其等效性并获得批准或者认可。

(c)维修单位可以租用或者借用某些使用频率较低或者投资较大的特殊设备,但应当向局方提供有效的合同或者协议。

(d)维修单位应当制作专用工具设备标识及清单,并建立保管制度,避免工具设备的非正常失效和遗失,保证维修工作需要的工具设备处于可用状态。

(e)维修单位应当建立检测工具或者测试设备的校验制度,不得使用不合格的计量器具。

工具设备的校验应当有详细的记录,并作为维修记录的一部分进行管理;工具设备的校验工作可以外委,但其管理和控制责任不得外委。维修单位应当建立以下管理制度,以防止维修人员使用超校验期的工具设备进行维修工作:

(1)待校验工具设备的回收制度;

(2)在工具设备明显的位置粘贴校验标签并明确要求维修人员在使用工具前核实工具设备是否在校验期内的制度;

(3)超校验期的工具设备的隔离制度,或者对无法隔离的工具设备悬挂牢靠的提示标志的制度。

(f)对于维修单位使用的个人工具,其管理也应当符合本条前述各款的规定。

(g)维修中使用自动测试设备的,应当控制其测试软件的有效性。

## (一)特种设备

按照国家市场监督管理总局发布的《特种设备目录》(2014年第114号),维修中使用的特种设备包含气瓶、电梯、起重机械,以及安全阀、气瓶阀门等安全附件。按照《中华人民共和国特种设备安全法》的要求,特种设备使用单位应当建立岗位责任、隐患治理、应急救援等安全管理制度,制定操作规程,保证特种设备安全运行。特种设备使用单位应当按照安全技术规范的要求,在检验合格有效期届满前一个月向特种设备检验机构提出定期检验要求。依据《特种设备检验检测机构管理规定》,特种设备检验检测机构应当经国家市场监督管理总局核准,取得"特种设备检验检测机构核准证"后,方可在核准的项目范围内从事特种设备检验检测活动。

## (二)计量器具、测量工具和测试设备的检定、校准和校验

要了解工具设备校验,先认识三个专用名词"检定""校准"和"校验"。

"检定"是自上而下的量值传递。将国家计量基准所复现的单位量值,通过检定(或其他传递方式)传递给下一等级的计量标准,并依次逐级传递到工作计量器具,以保证被计量的对象的量值准确一致,称为量值传递。检定的目的是对测量装置进行强制性全面评定。这种全面评定属于量值统一的范畴,是自上而下的量值传递过程。检定应评定计量器具是否符合规定要求。这种规定要求就是测量装置检定规程规定的误差范围。通过检定,评定测量装置的误差范围是否在规定的误差范围之内。因此,检定的对象主要是三个大类的计量器具,包含计量基准、计量标准和列入《实施强制管理的计量器具目录》的计量器具(限用于贸易结算、安全防护、医疗卫生、环境监测)。检定主要依据《国家计量检定规程》(JJG)完成,检定是强制的。

"校准"是自下而上的量值溯源。是在规定条件下,为确定计量仪器或测量系统的示值,或实物量具或标准物质所代表的示值,分别采用精度较高的检定合格的标准设备和被计量设备对相同被测量物进行测试,得到被计量设备相对标准设备误差的一组操作,从而得到被计量设备的示值数据的修正值。校准的目的是对照计量标准,评定测量装置的示值误差,确保量值准确,属于自下而上量值溯源的一组操作。这种示值误差的评定应根据组织的校准规程作出相应规定,按校准周期进行,并做好校准记录及校准标识。校准除评定测量装置的示值误差和确定有关计量特性外,校准结果也可以表示为修正值或校准因子,具体指导测量过程的操作。校准可依据《国家计量检定规程》(JJG)或《国家计量技术规范》(JJF)完成,校准不具有强制性。

"校验"是在没有检定或校准规程时,企业按照自行编制的自校规程对专用计量器具或准确度相对较低的计量仪器及试验的硬件或软件进行检定或校准。

计量器具、测量工具和测试设备在使用、搬运和安装过程中,可能导致

工具设备性能出现衰减，进而导致设备自身的误差值过高。如果没有及时校准和校验，必然会导致测量数据不够准确，影响维修质量。所以，对于民用航空器维修中的大量工具设备，需要定期进行检定、校准或校验。

从民用航空器维修所涉及的工具设备来看，规章所述的工具设备校验应该包含上述"检定""校准"和"校验"，因此需要校准的工具设备可分为三类：

1. 强制检定的计量器具

由于民航维修不涉及贸易结算、医疗卫生和环境监测，因此在列入《实施强制管理的计量器具目录》的计量器具中，仅有涉及安全防护的计量器具需要强制检定。例如，2019年市场监管总局发布的《实施强制管理的计量器具目录》（2019年第48号），一级目录中用于安全防护的"压力仪表"需强制检定。

2. 定期校准的测量工具和测试设备

校准主要依据《国家计量技术规范》（JJF）中的要求来完成，因此列入《国家计量技术规范》的测量工具均需要校准。中国民航也发布了《中华人民共和国民用航空部门计量技术规范》，即JJF（民航），如JJF（民航）0087—2020"直读式钢索张力表"即给出了钢索张力表的校准方法、复校时间等。《国家计量技术规范》可在国家计量技术规范全文公开系统查询，网址http：//jjg.spc.org.cn/。2022年3月，航空器适航审定司发布的《关于公布民航领域国家标准、行业标准及计量技术规范目录的通知》中，其目录列出了68种测量工具和测试设备的记录技术规范。

3. 定期校验的测量工具和测试设备

对于无国家计量技术规范和民航计量技术规范的工具设备，如需要定期校验，维修单位自行编制自校规程完成校验。

对于强制检定的计量器具，需送法定计量检定机构进行检定。法定计量检定机构可在各省市场监督管理局计量许可信息查询系统查询。[①]中国计量网提供全国计量授权查询,网址 http://www.chinajl.com.cn/。

对于定期校准的测量工具和测试设备,可自校,也可外校。

如组织进行自行校准,应注意必要的条件,而不是对计量器具的管理放松要求。例如,必须编制校准规范或程序,规定校准周期,具备必要的校准环境和具备一定素质的计量人员,至少具备高出一个等级的标准计量器具,从而尽可能减小校准的误差。

如外校,则应送具有法定计量检定机构计量授权证书或 CNAS 认证的单位。不具备上述认证的单位,则需要进行现场审查。

注意:校准的结论只是评定测量装置的量值误差,确保量值准确,不要求给出合格或不合格的判定。校准的结果可以给出"校准证书"或"校准报告"。因此,维修单位获取"校准证书"或"校准报告"后,还需依据飞机维修手册等技术文件对工具的校准结果进行判断。

对于定期校验的测量工具和测试设备,需要按照自行编制的自校规程完成校验。

## (三)工具三清点

维修过程中,工具是必不可少的。工具在协助维修人员完成维修工作的同时,如遗漏在航空器、发动机之内,也会带来安全隐患。因此,对于维修单位,必须执行工具三清点制度,即工作前清点,工作场所转移清点,工作完成后清点。对工具的三清点是围绕工具的数量、质量、状态进行相应的检查。

### 1. 数 量

在维修工作开展前,必须先准备工具,并点清所有工具的数量,在此

---

[①] 检定则必须依据《检定规程》规定的量值误差范围,给出测量装置合格与不合格的判定。超出《检定规程》规定的量值误差范围为不合格,在规定的量值误差范围之内则为合格并给出"检定合格证书"。

后的使用及完成工作后，所有的工具必须原位归还并保证与准备时的数量一致。

2. 质 量

维修工作中不仅需要使用扳手、螺丝刀等简单工具，还会使用孔探设备、大型检测设备等复杂工具，在清点工具时，还应注意检查这些工具上各部件是否在位、是否有明显的缺陷等。

3. 状 态

即在工具使用前其所处的安全状态。对于计量工具，其表面会标注下一次校验日期，清点时应详细检查是否超过校验日期。另外，对于气瓶等可能产生人身伤害的工具设备，还应检查其安全保护附件。

### （四）工具设备的等效替代

在民用航空器维修中，维修单位经常遇到的一种情况是技术文件要求或者推荐的工具设备无法获取的情况，在这种情况下可采用具有同样功能的替代工具设备。

对于具有行业标准的成套工具设备，可直接采购与技术文件要求或者推荐的工具设备功能一样的其他厂家工具设备。采购此类设备时，应确认厂家提供的工具设备资料，符合相关的制造标准，并与技术文件要求的精度相匹配。

对于专用的工具设备，维修单位可进行自制。如该专用工具设备的设计资料由航空器或航空器部件制造厂家提供，维修单位按照设计资料完成制造后，建立档案和工具设备维护要求。如该专用工具设备无厂家设计资料，且在航空器或航空器部件重要测试环节使用，维修单位应进行充分的论证：

（1）原理和设计图纸必须符合相应的国家标准。

（2）原材料应满足可预见的极限强度、刚度及其他性能要求，与航空器或航空器部件直接接触的材料不能对航空器或航空器部件造成损伤。

（3）仪表和显示设备的精度、量程和稳定性应满足测试的需要。

（4）动力源应满足按测试需要提供稳定、可调的动力供应。

（5）操纵机构应满足操作方便，并防止误操作的要求。

（6）自动控制软件应满足相应国家或行业标准的要求。

（7）工具设备的安全防护应满足国家相关标准的要求。

（8）对于复杂的自制工具设备应编制使用手册，并至少包括原理说明、主要功能和用途、维护说明、使用说明。

使用替代工具设备，应当向局方证实其等效性并获得批准或者认可，替代工具设备的审查一般在维修能力新增审查时一并完成。

## 三、第145.20条 器材

维修单位应当按下列规定具备其维修工作所必需的器材，对其进行有效的保管和控制，保证其合格有效：

（a）维修器材应当符合有关技术文件的规定。通过协议使用其他单位器材的，应当具有有效的正式合同或者协议。

（b）维修单位使用的器材应当具有有效的合格证件，并建立入库检验制度，不合格的或者未经批准的器材不得使用。除经民航局特殊批准的情况外，器材的有效合格证件可以采用下列形式：

（1）标准件和原材料应当有合格证或者合格证明；

（2）非标准件和非原材料的全新器材应当有原制造厂颁发的适航批准标签或者批准放行证书；

（3）使用过的器材，应当具有局方按本规则批准的维修单位签发的《批准放行证书/适航批准标签》。

（c）使用非航空器制造厂家批准供应商提供的器材应当告知相应的航空器运营人，并通过航空器运营人获得局方的批准或者认可。

（d）对于航空器运营人的维修单位，允许其按照符合局方规定的工作程序生产少量自制件用于其自身维修工作，但仅限于其故障、失效或者缺陷不直接造成《民用航空产品和零部件合格审定规定》第21.5条第（二）款所列任一情况的航空器部件任一后果的情况。非航空器运营人的维修单位生产上述自制件的，应当在使用前告知相应的航空器运营人，并通过航空器运营人获得局方批准。自制件不得销售。

（e）维修单位应当建立在质量系统控制下的器材供应商评估和入库检验制度，以防止来源不明或者不合格的器材在维修工作中使用；对库存的器材应当建立有效的标识、保管和发放制度，以防止器材混放和损坏，保证器材完好，使用正确。

（f）对于具有库存寿命的器材，应当建立有效措施防止维修工作中使用超库存寿命的器材。

（g）对于化学用品及有防静电要求的器材，应当根据原制造厂家的要求采取有效的安全防护措施。

（h）维修单位应当建立不可用器材的隔离制度及报废器材的销毁制度，防止在维修工作中使用不可用的或者报废的器材。

## （一）定 义

标准件指制造符合确定的工业或国家标准或规范的部件，包括其设计、制造和标识要求。这些标准或规范必须是公开发布并在航空器或部件制造厂家的持续适航性资料中明确的。

原材料指符合确定的工业或国家标准或规范，用于按照航空器或部件制造厂家提供的规范进行维修过程中的加工或辅助加工的材料。这些标准或规范必须是公开发布并在航空器或部件制造厂家的持续适航文件中明确的。

全新器材指没有使用时间或循环经历的航空器部件（制造厂型号审定过程中的审定要求经历或台架实验除外）。

使用过的器材指除全新航空器部件以外的航空器部件。

自制件包含"航空器所有人或者占有人按照局方规定为维修或者改装自己的航空器生产零部件"和"维修许可证持有人批准维修项目范围内，在其质量系统控制下制造在民用航空产品或者零部件修理或者改装中消耗的零部件"（详见 CCAR-21R4 和 AP-21-AA-2020-13）。

### （二）器材的文件和标识

除标准件和原材料外，民航局批准的全新航空器部件应具备如下合格证件和标识：

（1）由民航局批准的生产系统批准持有人对单个或一组航空器部件颁发的《批准放行证书/适航批准标签》（AAC-038 表，见图 6.1）。

图 6.1　AAC-038 表样表

（2）根据 CTSOA 制造的航空器部件，必须以永久和易读的方式标示出下列信息：

a. 制造厂家的名称和地址；

b. 部件名称、型号、件号或型别代号。

c. 部件序号或制造日期。

d. 使用的 CTSO 号。

（3）根据 PMA 制造的航空器部件，必须标明件号，并以标明 PMA 信函的方式标示出下列信息：

a. 名称。

b. 制造厂家或其标记。

c. 件号。

d. 该部件批准装于型号审定产品的名称和型号。

除标准件和原材料外，民航局认可的全新航空器部件应当由所在国民航当局或其授权的生产系统批准持有人对单个或一组航空器部件颁发批准放行证书/适航批准标签。典型的批准放行证书/适航批准标签如美国 FAA 的 8130-3 表格、欧洲 EASA 的 Form 1 等，但因美国 FAA 的 8130-3 表格一般用于出口适航批准，个别航材如不具备该证书，则仅限在美国国内销售。另外，来自独联体国家的航材，可能以履历本、合格证或质量证书的方式作为适航批准标签/批准放行证书。

任何使用过的器材装机应当符合下述要求：

（1）如从处于运行管控中的航空器拆下维修（包括计划和非计划维修），除索赔修理和强制改装情况外，维修工作由按照 CCAR-145 部获得相应批准或者认可的维修单位实施，并且具有由其签发的适航批准标签/批准放行证书。

## 第六章　维修单位的基本条件和管理要求

索赔修理需在航空器及部件制造厂家明确的索赔期内按照指定的方式进行，包括指定维修后需签发的适航批准标签/批准放行证书，并提供对应的索赔修理合同。

按照 CCAR-145 部获得相应批准的维修单位签发的适航批准标签/批准放行证书为 AAC-038 表，如维修后已签发了其他民航局规定的同类证书[如美国 FAA 8130-3（见图 6.2）、欧洲 EASA Form 1（见图 6.3）等]，可以在确认维修工作符合 CCAR-145 部要求的情况下补发 AAC-038 表，但应当同时附上维修工作完成后所发同类适航批准标签/批准放行证书的复印件；按照 CCAR-145 部获得认可的维修单位是指由香港特别行政区民航处（HKCAD）或者澳门特别行政区民航局（AACM）按照联合维修管理（Joint Maintenance Management）批准的维修单位，其维修后签发的适航批准标签/批准放行证书为 HKCAD Form 1（见图 6.4）或者 AACM Form 1（见图 6.5）。

图 6.2　FAA 8130-3 表样件

图 6.3　EASA Form 1 样件

图 6.4　HKCAD Form 1 样件

图 6.5　AACM Form 1 样件

（2）如为退出运行航空器的拆解件，其拆解工作应当是由获得 CCAR-145 部相应拆解项目批准的维修单位进行的，具备其签发的"航空器拆解件挂签"，并且可通过咨询通告 AC-145-FS-017 规定的航空器拆解件公开信息平台查询确认其真实性。

对于航空器拆解件，装机前的维修工作也应当由按照 CCAR-145 部获得相应批准或者认可的维修单位进行，并且具有由其签发的适航批准标签/批准放行证书。

（3）使用非航空器制造厂家批准供应商提供的器材

对于"非航空器制造厂家批准供应商提供的器材"，最早出现在 CCAR-145 R2 中"使用非航空器制造厂家批准的供应商提供的器材应当获得民航总局的批准或者认可"。在 CCAR-145 部第三次修订时，修改为现在的描述。CCAR-145 R4 修订，维持此描述不变。使用前应告知航空器运营人，由航空器运营人申请获得局方批准或认可。

零部件制造人批准书（PMA）和技术标准规定项目批准书（CTSOA）在取证时，已经经过局方批准了，为何装机需要再次批准呢？

对于"非航空器制造厂家批准供应商提供的器材"，指的是零部件图解目录（IPC）提供的供应商（SUPPLIER）之外的供应商按照零部件制造人批准书（PMA）和技术标准规定项目批准书（CTSOA）生产制造的零部件。

在 CCAR-21 部中，第 21.303 条"零部件制造人批准书的申请"这样描述"表明该零部件的设计符合拟安装该零部件的民用航空产品适用的适航规章的必要的试验和计算报告，但申请人能证明该零部件的设计与型号合格证、补充型号合格证或者改装设计批准书中批准的零部件的设计相同的除外。如果该零部件的设计是根据设计转让协议获得的，还应当提供该协议。"该描述表明，按照零部件制造人批准书批准的零部件，已获得了装机批准。

在 CCAR-21 部中，第 21.351 条这样描述"技术标准规定项目批准书（CTSOA）是局方颁发给符合特定技术标准规定的零部件（以下简称 CTSO 件）的制造人的设计和生产批准书。除技术标准规定项目批准书的持有人外，任何人不得用 CTSOA 标记对 CTSO 件进行标识。按照技术标准规定项目批准书制造的零部件，只有得到相应的装机批准，才能安装到航空器上使用。装机批准的形式可以是型号合格证、补充型号合格证或者改装设计批准书。"该描述表明，按照技术标准规定项目批准书批准的零部件，还应进行装机批准。

对于零部件制造人批准书批准的器材，虽然在初始适航批准时，已获得了装机批准。但在装机后，仍然有可能涉及与原厂件存在差异的持续适航管理内容，如维护要点有变更等，所以仍然需要"通过航空器运营人获得局方的批准或者认可"。对于技术标准规定项目批准书批准的零部件，就更需要批准了。因为这类器材，并未对装机进行验证，装机后还应考虑其持续适航的管理。

### （三）自制件的管理

FAA 和 EASA 均允许民用航空器维修单位生产用于自身维修和改装的自制件。FAA 将自制件分为三个类别：

Ⅰ类：其失效可能影响持续安全飞行和着陆，由此产生的后果可能会降低安全裕度、性能或某种操纵失效。

Ⅱ类：其失效不会影响持续安全飞行和着陆，但会降低飞行性能，或机组应对不利操纵条件或后续故障的能力。

Ⅲ类：其失效不会影响飞机的持续安全飞行和着陆。

对于Ⅰ类和Ⅱ类自制件，必须进行详细的设计，并将设计零件图纸、材料/尺寸/工艺信息、测试程序、符合适航标准的证据等提交 FAA 批准。Ⅰ类自制件由航空器认证办公室批准，Ⅱ类自制件可由获得授权的 DER 批准。并且生产单位应建立制造质量控制系统，确保自制件的生产满足法规要求。对于Ⅲ类自制件，其设计无须进行批准，但也必须建立制造质量控制系统，确保生产的自制件能够满足维修和改装的要求。

EASA 仅允许维修机构生产故障、失效或缺陷不直接影响航空器安全运行的自制件，包括：

（1）轴套、衬套、填隙片。

（2）次结构件或蒙皮。

（3）操纵钢索。

（3）软管或硬管。

（4）电缆。

（5）用于修理的成型或机械加工金属板。

对于自制件的设计数据，EASA 要求应获得局方、型号合格证（TC）持有人、21 部设计组织批准持有人或补充型号合格证（STC）持有人批准，通过大修或维修手册、改装方案、服务通告、图纸获得。EASA 要求生产单位建立类似 FAA "制造质量控制系统"的"制造检查系统"，由具有经验并经培训的人员确认自制件的可用性。其通过批准维修机构的工作程序的形式对制造过程进行控制，程序需包含零件件号、尺寸、材料、工艺和特殊制造技术等信息。完成制造的零件还必须标识零件件号和生产单位信息，以便于追溯。

自制件作为有效合格证件器材之外的补充，对民用航空器的运营有着重要作用。特别是使用时间较长的航空器，其配套零部件制造厂家可能不再提供备件制造，自制件将是保障该类民用航空器安全飞行的有效手段。当前，欧美民用航空制造业经百余年的发展，已建立起牢固的规章、资金、技术壁垒。国内民用航空器的制造产业还处于初级阶段，有限的零部件数量需求、高昂的零部件取证投入，导致航空器零部件的制造在经济收益上无太大吸引力。而自制件因获批简单、成本投入低，不失为促进零部件制造发展、推动适航取证基础完善的一个途径。由于 CAAC 当前在自制件方面缺少相应的管理要求，维修单位可参考 14 CFR 的相关要求，如维修人员制造航空器零件（AC 43-18）、老式飞机的零部件和材料替代品（AC 23-27）、航空替换部件的合格性、质量和标识（AC 20-62）等，并建立规范以下要素的管理：

（1）自制件的设计。

从 FAA 和 EASA 的规章来看，自制件的设计数据需获得局方批准，以确保设计能够满足适航标准的要求。设计方案应当至少包含图纸（含详细尺寸、使用材料等）、制造工艺规范、检查和测试程序、证明符合原始设计的验证方案、适航限制（如适用）、对原制造厂持续适航文件的评估和更改等。

（2）自制件的生产。

对于生产自制件的维修单位，应当建立自制件生产质量控制系统，以确保生产的零件符合设计数据。生产质量控制系统可用控制程序的方式，结合维修单位手册一并获得局方批准。控制程序的要素应包含自制件清单、技术文件控制、制造现场管理、制造分包管理、零件标识管理、质量检验和测试、不合格零件控制、使用反馈等。对自制件的制造分包，除设计和最终质量检验外，应允许其他制造工作由分包商完成，以实现民航制造与国家工业制造融合，降低生产成本。

（3）自制件的持续管理。

自制件的生产单位应对自制件的持续适航文件有效性负责，自制件交付使用后，自制件的生产单位应建立自制件持续管理体系，收集使用中反馈的异常信息，对自制件及其持续适航文件进行改进。对于为满足维修需求而重复生产的自制件，生产单位应建立控制措施，防止这些特殊的零件被单独销售。

## 四、第145.21条 人员

维修单位应当具备足够的符合下列要求的维修、放行、管理和支援人员：

（a）维修单位应当至少任命责任经理、质量经理和生产经理各一名。责任经理应当由维修单位的法定代表人或者由其授权的人员担任；质量经理不能由生产经理兼任。上述人员应当熟悉民用航空器维修管理法规并具有维修管理工作经验。

（b）维修、放行、管理和支援人员应当身体健康并适应其所承担的工作。

（c）应当任命符合以下条件的责任经理、质量经理和生产经理：

（1）熟悉民用航空器维修管理法规；

（2）具有维修管理工作经验；

（3）国内维修单位的上述人员持有民航局颁发的民用航空器维修人员执照；

（4）国外维修单位的上述人员持有所在国或者地区主管民航当局颁发的民用航空器维修人员执照或者符合本国或者本地区民航当局规定的资格要求。

（d）应当使用符合以下条件的人员作为直接从事民用航空器或者民用航空器部件维修的人员：

（1）经过有关民航法规、国家标准或者行业标准、专业知识、基本技能、工作程序和维修人为因素知识的培训；

（2）独立从事维修工作的维修人员应当获得本单位的具体工作项目授权；

（3）对于从事无损探伤等工作的人员，应当具备相应的资质水平。

（e）应当使用满足下列要求的人员作为维修放行人员：

（1）除本规则第 145.15 条（c）款的情况外，维修放行人员应当是本单位雇用的人员。

（2）国内维修单位的维修放行人员应当持有民航局颁发的民用航空器维修人员执照，并且其维修技术英语等级与维修中使用的技术文件相匹配。对于复杂航空器维修放行的人员还应当具有与其航空器型号对应的有效机型签署。

（3）维修放行人员应当具有所从事放行工作对应民用航空器或者其部件丰富的维修经验，其中航空器维修放行人员应当至少具有两年相关维修经历。

（4）国外维修单位的维修放行人员应当符合本国或者本地区民航当局规定的资格要求，并且维修放行人员应当持有本国或者本地区民航当局颁发的符合国际民航组织标准和建议措施规定的航空器维修人员执照，具有英语的听、说、读、写能力。

（5）获得本单位对具体维修放行项目的授权。

（f）应当使用满足下列要求的从事与民用航空器或者其部件维修工作有关的管理和支援人员：

（1）经过有关民航法规、国家标准或者行业标准、专业知识、工作程序和维修人为因素知识的培训；

（2）国内维修单位从事与民用航空器或者其部件维修工作直接有关的质量、工程和生产控制管理的人员应当持有民航局颁发的民用航空器维修人员执照，并且其维修技术英语等级与维修中使用的技术文件相匹配；国外维修单位的相应人员应当符合本国或者本地区民航当局规定的资格要求。

2022 年 6 月 7 日颁发的 AC-145-FS-013 R2《维修单位培训大纲的制定》对从事民用航空器维修的人员进行了详细分类，这些人员的条件和需要接受的培训，详见该咨询通告。

## 第六章　维修单位的基本条件和管理要求

### （一）三大经理

三大经理即责任经理、质量经理和生产经理，三大经理的定义详见本规则第 145.42 条。相对 CCAR-145 R3，CCAR-145 R4 对国内维修单位的三大经理增加了持有民航局颁发的民用航空器维修人员执照的要求。责任经理一般由维修单位法定代表人或向其直接负责的维修单位管理人员担任。

### （二）放行人员

维修放行人员是指维修单位中确定航空器或者其部件满足相应技术文件的要求，并签署批准维修放行的人员。本规则维修放行人员的设置参考 FAA 14 CFR Part 145 和 EASA Part 145 的要求，他是维修工作的最终检验人员。在确认所有预定的维修工作已按照要求完成，最终测试数据正确无误，维修的航空器、发动机、螺旋桨或部件无明显缺陷时，经授权的放行人员可代表维修机构签署维修放行证明，详见本规则第 145.31 条。对放行人员的机型签署，在 2022 年 5 月颁发的 AC-66-FS-009 R1《航空器机型维修培训和签署规范》要求，"连续 2 年内有不少于 6 个月有效维修经历"来保持机型签署的有效性，有效的日历月指任何一个日历月内从事机型维修或者维修放行 3 次及以上（以实际签署为准）。该规定参考了 EASA Part 145 中对维修人员经历保持的规定。

### （三）特种作业人员

CCAR-145 R3 在维修项目类别中设置了特种作业，包含了焊接、热切割、机械加工、表面处理、热处理、无损检测、孔探等，特种作业人员即为从事上述工作的人员。在 CCAR-145 R4 中，特种作业维修项目类别被取消，但在 AC-145-13 R2《维修单位培训大纲的制定》中，仍将其划分为一类人员，包含了焊接、表面处理、热处理、复合材料修理等。按照《特种作业人员安全技术培训考核管理规定》，焊接和热切割被列入"特种作业目录"，从事焊接和热切割的人员，须接受与其所从事的特种作业相应的安全技术理论培训和

实际操作培训，考核合格后颁发特种作业操作证。从事无损检测的人员，应当按照中国民用航空维修协会发布的民用航空无损检测团体标准的要求，完成培训和考核，取得相应证书后从事维修工作。从事孔探的人员，应当按照中国民用航空维修协会发布的发动机孔探团体标准的要求，完成培训和考核，取得相应证书后从事维修工作。

### （四）试车人员和滑行人员

对于航空器的维修，特别是涉及航空器的发动机维修后，需要进行试车。另外，维修中移动航空器还涉及滑行人员。这两类人员，须接受维修单位组织的试车和滑行培训后，方可进行相关工作。

### （五）检验人员

检验人员包含了维修检验人员和航材检验人员。维修检验人员通常由成熟的维修人员担任，对维修工序中重要的工作环节进行检查把关。航材检验人员对维修单位采购的航空器材进行检查和确认，在CCAR-145R4对航材检验人员增加了维修人员执照的要求。

### （六）质量安全审核员

CCAR-145 R4第145.24条和CCAR-398第21条规定，维修单位应建立内部审核和评估制度，定期对安全管理进行评审。这些审核工作由专业的质量安全审核员担任（也称为内审员或审核员）。质量安全审核员应当接受CCAR-145、CCAR-398等规章、质量安全内审等课程培训，在维修单位考核合格后实施相关工作。

### （七）培训教员

维修单位选拔单位内部优秀的维修人员或聘用外部专业人员担任培训教员，对本单位的人员进行培训。

## 五、第 145.22 条 技术文件

（a）维修单位在实施航空器维修时，应当具备下列技术文件：

（1）与航空器维修有关的涉及民航管理的规章、民航局颁发的咨询通告、管理文件及其他形式的文件，包括上述文件所引用的有关国家标准；

（2）维修工作所必需的航空器或者其部件制造厂家规定的有关技术文件，包括与航空器或者其部件维修有关的各类手册、文件、服务通告、服务信函以及上述资料中所引用的有关国际组织和行业标准；

（3）送修人按照维修合同中的维修项目提供的有关技术文件，包括航空器运营人的维修方案、手册和工作单卡等。

（b）维修单位应当按照下列方式对本条（a）款规定的技术文件建立有效的控制，保证相关技术文件的有效和方便使用：

（1）建立一套集中保管的技术文件主本和有效的资料管理程序，保证控制分发的技术文件与主本一致。使用计算机系统保存技术文件的，应当建立有效的备份系统。

（2）技术文件主本应当通过定期获得文件目录索引或者直接向文件发布单位核对的方法确定其有效性。使用由送修人控制其有效性的技术文件的，使用前应当获得送修人提供的有效性声明。

（3）非现行有效的技术文件及其他非控制性的技术文件应当与现行有效的文件有明确的区分标识并避免混放。

（4）确保维修人员在维修过程中能及时、方便地获得需要的技术文件，提供必要的阅读设备。

## （一）技术文件

关于技术文件的表述，从 CCAR-145 部颁布以来进行了多次的修订。CCAR-145 R4 中对维修工作中出现的各类文件进行了重新划分，将 CCAR-145 R3 中的"适航性资料"修订为"技术文件"，原"技术文件"用"维修工

作实施依据文件"替代。

作为专用名词,"技术文件"最早出现在 1975 年颁布的《中国民用航空机务条例(试行稿)》,该文件明确飞机技术文件包括:

（1）飞机维护细则、技术的或磨损、维护手册等。

（2）飞机登记证、适航证、电台许可证。

（3）技术指示和机务通告。

（4）航空技术装备的履历本、合格证或证明书。

（5）飞行记录本、技术鉴定报告表和维护工作单。

（6）飞机试飞报告表、飞机交接事实录等技术记录报表。

1983 年颁布的《机务工程条例》将"技术文件"缩小为两类,第一类为厂家颁布的手册、适航指令、通告、最低设备清单,第二类为工程技术部门颁发的技术文件、规范、标准、通告等。

此后颁布的 CCAR-145 部,基本维持《机务工程条例》中的定义不变。在 CCAR-145 R1 中将此段标题修订为"适航性资料和技术文件",CCAR-145 R2 和 CCAR-145 R3 此段标题为"适航性资料",在 CCAR-145 R4 修订中将此段标题改回"技术文件",相对 CCAR-145 部第一版,CCAR-145 R4 对技术文件所包含的内容进行了扩大。

对于本次修订将"适航性资料"修订为"技术文件",首先要理解维修单位的根本属性,也就是维修属性。维修放行仅是运营人保持航空器适航性(维持构型)的一个环节,适航性责任是一直并持续的落在运行人身上的。因此,技术文件的表述更符合本规则的要求。

按照本条的规定,技术文件至少包含了规章类、厂家类和维修工作相关的其他文件三类。

规章类技术文件主要有安全生产法、民用航空法、适航管理条例、CCAR-145 部及咨询通告、CCAR-66 部及咨询通告、CCAR-395/396/398 部及咨询通告、适航指令（CAD）、中国民航维修行业标准、中国民用航空维修协会团体标准。

厂家类技术文件主要有航空器维护手册（AMM）、部件维护手册（CMM）（如有）、发动机维护手册（EMM）、螺旋桨维护手册、结构修理手册（SRM）（如有）、线路图册（WDM）、航空器零件图解目录（AIPC）、发动机零件图解目录（EIPC）、无损探伤手册（NDT）（如有）、图解工具和设备手册（ITEM）（如有）及维修需要的其他手册。厂家发布的服务通告（SB）、服务说明（SI）、服务信函（SL）。上述资料中所引用的有关国际组织标准和行业标准。

其他类技术文件主要有送修人按照维修合同中的维修项目提供的维修方案、手册和工作单/卡等，局方或委任（单位）代表批准的技术文件，维修单位自行制定的维修管理文件等。

## （二）适航性资料

"适航性资料"作为专用名词，晚于"技术文件"出现，首次使用是在1993年颁布的 CCAR-145 R1，定义为"保证航空器或航空器部件的适航性及可用性而必需的任何适航文件"。

在2002年颁布的 CCAR-145 R2 中，将"适航性资料"明确为：

（1）与航空维修有关的规章、程序、咨询通告等。

（2）厂家发布的手册、通告、信函等。

（3）送修人提供的维修方案、手册和工作单等。

2005年颁布的 CCAR-145 R3 基本维持此含义不变。本次修订将"适航性资料"修订为"技术文件"，该修订可能与民航局整体规章重构有关。本次规章重构，比较大的理念上的改变是强化了航空器运营人和所有人的适航责任，航空器持续适航管理由航空器的运营人或所有人负责。对于维修单位，更强调核心的工程技术能力，作为保持航空器适航的一个环节，对航空器运营人或所有人委托的工作负责。因此，在管理运行的规章如 CCAR-91 部、CCAR-121 部使用"持续适航文件"代表适航性资料，而在管理维修的规章中，则使用"技术文件"代表适航性资料。

### （三）维修实施依据文件

2023 年 4 月 6 日发布的《航空器及其部件维修技术文件》（AC-145-FS-008 R1）中给出了"维修实施依据文件"的概念，包含了厂家发布维修技术文件、国家/行业标准和规范、自编维修技术文件三类。

### （四）技术文件的管理

因为技术文件是保障民用航空器适航的重要资料，所以必须实时保持技术文件的有效性。由于技术文件包含大量文件，维修单位应当指定专人负责技术文件的有效性控制，定期查阅，对更新内容进行评估并将最新版在维修单位内发布使用。

在此特别要强调的是适航指令的管理，适航指令是由民航局和地区管理局颁发的强制性检查要求、纠正措施或使用限制。每一份适航指令都是 CCAR-39 部的一部分，具有与 CCAR-39 部同等的效力。适航指令涉及的民用航空器，在规定的时间内如未达到该适航指令要求，相关民用航空器将不再适航。因此，维修单位与送修人签订送修协议时，应建立适航指令的管控要求，如送修人要求由维修单位完成，送修人应当在第一时间获取适航指令后转发维修单位，维修单位应第一时间完成适航指令要求的工作。

## 六、第 145.23 条 质量系统

（a）维修单位应当建立一个由责任经理负责的质量系统，质量系统应当符合下列规定：

（1）由责任经理发布明确的质量管理政策，并根据此管理政策明确各部门和人员的职责。各部门和人员的职责应当避免重叠和交叉。

（2）根据各类人员的职责明确其资格要求并建立人员岗位资格评估制度，对于满足资格要求的人员应当以书面的形式进行授权。各类维修人员的授权可以由质量经理或者其授权的人员签署；维修放行人员的授权应当由责任经理或者由其授权的质量经理签署。

（3）在质量部门应当保存一份完整的对各类维修人员授权的记录，在相关的工作现场应可获取相关授权信息。

（4）建立必要的工作程序，明确各部门和人员的职责。工作程序应当涵盖本规则的适用要求，制定和修改工作程序应当由责任经理或者由其授权的质量经理批准。

（b）维修单位应当建立符合下列规定的质量管理制度：

（1）质量部门应当独立于生产控制系统之外并且由质量经理负责，其主要责任是监督质量管理政策的落实。

（2）质量经理应当直接对责任经理负责。质量部门的人员应当独立行使质量管理职能，在职责上不得与生产控制系统交叉。质量部门人员对维修工作的质量具有否决权。

（3）当质量经理认为某种情况直接影响航空器或者其部件的适航性时，可以直接向局方报告。

## （一）关于质量的定义

关于"质量"，在 ISO9000《质量管理体系 基础和术语》中给出的定义是一组固有特性满足要求的程度。这里的"特性"指的是可区分的特征，如物理上的机械特征，感官上的视觉特征、功能上的最高速度特征等。而"要求"指的是明示的、隐含的或必须履行的需求或期望。约瑟夫·M.朱兰在《朱兰质量管理手册》第 3 版中，将质量定义为适用性（fit for use），在第 6 版中修订为适目的性（fit for purpose）。其认为无论生产产品还是服务，它都必须适合其目的。为了适合目的，任何产品和服务都必须具备能够满足顾客需要的正确特征，并以最少的失效来加以提供。威廉·爱德华兹·戴明将质量定义为从客户的观点出发强加到产品上的东西，真正的质量是立足于用户需要，追求不断提高用户满意程度而形成的。菲利浦·克劳士比将质量定义为符合要求的标准。阿曼德·V.费根堡姆认为，质量是由顾客来判断的，不是由工程师、营销部门或最高管理部门来确定的。

虽然在管理思想上，国际标准组织、管理大师们百花齐放，但从其精神实质来看，对质量的定义异曲同工：

（1）质量的最终判断来自于客户、质量满足的标准服务于客户。

无论是朱兰的"适目的性"概念、戴明的立足于用户需要，还是克劳士比的质量要符合用户的需求等，质量管理大师们一致认为质量不仅仅意味着相应的规格和标准，更重要的是用户的需要。这些需要可能是尺寸规格、寿命目标，也可能是成本价格。

（2）质量不能完全依赖于检验，质量得之于生产过程。

无论多么严格的检验，也检验不出物美价廉的产品。依赖检验，不可能将不合格品直接变成合格品，对不合格品的修理或报废只会增加成本，这不仅对生产者不利，对用户也不利，因为他们要承担这个成本。戴明和克劳士比都提出了事先预防的重要性。不同的是，戴明侧重在组织中建立系统改善；克劳士比提出用"零缺陷"这个质量工作标准来实现；朱兰则认为检验对于质量的提高没有决定性的意义，他认为质量的人事方面是关键。

（3）高的质量并不意味着高的成本。

以往人们普遍认为，高质量必然导致高成本。但质量管理大师们从各自不同角度论证了高质量不但不会导致高成本，反而会降低成本，提高生产能力。高质量意味着更少的差错、缺陷和不良。质量高意味着为客户提供的产品或服务的特征能满足他们的需要，这将使得产品或服务更加畅销。高的销量，也将降低单个产品或单次服务的成本。

（4）质量改进是一个持续过程。

质量不是由单一因素决定的，是众多因素共同作用的结果，包含市场调查、开发、设计、计划、采购、生产、控制、检验、销售、服务、反馈等环节构成，同时又在此过程中不断循环提高，如图6.6所示。

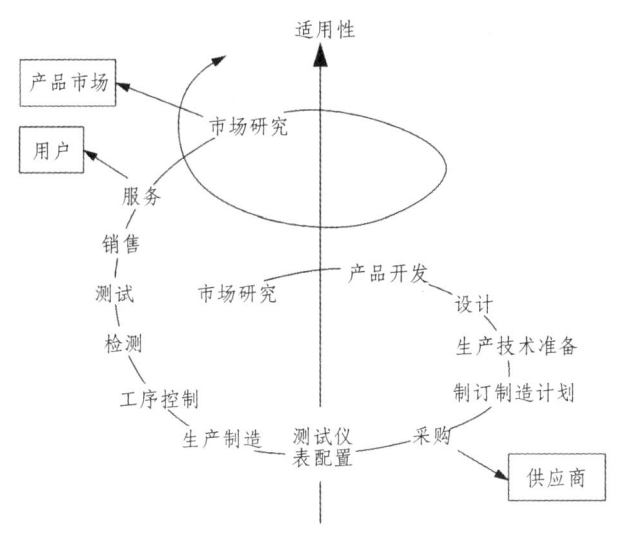

图 6.6 朱兰质量螺旋曲线

从质量的定义来看，尽可能明确地认识客户的各种不同要求是进行有效质量管理的基本出发点。由于民用航空安全工作的政治属性、经济属性和社会属性，使得民用航空领域的产品和服务有着自身的特点，其必须在民航规章的框架内生产产品或提供服务。因此，航空维修质量应该是在民航规章框架内，维修服务满足运行人要求的程度。

## （二）CCAR-145 部质量管理理念的发展

自 1988 年 11 月 2 日胡逸洲局长签发 CCAR-145 部《维修许可审定》以来，我国现代意义上的民航维修管理已走过了三十六年的历程，从最初的"五三"原则发展成五大要素、四大体系的基本要求。伴随着规章的修订，民航维修质量管理也从盯个人、盯具体的活动或事项的"小质量"，转变为管理维修活动全流程的"大质量"。虽然每次修订都涉及大量内容的调整，并增添新时代对维修管理的新要求，但保障民用航空器的持续适航和安全飞行的总体方向是不变的。

CCAR-145 部质量管理各阶段如图 6.7 所示。

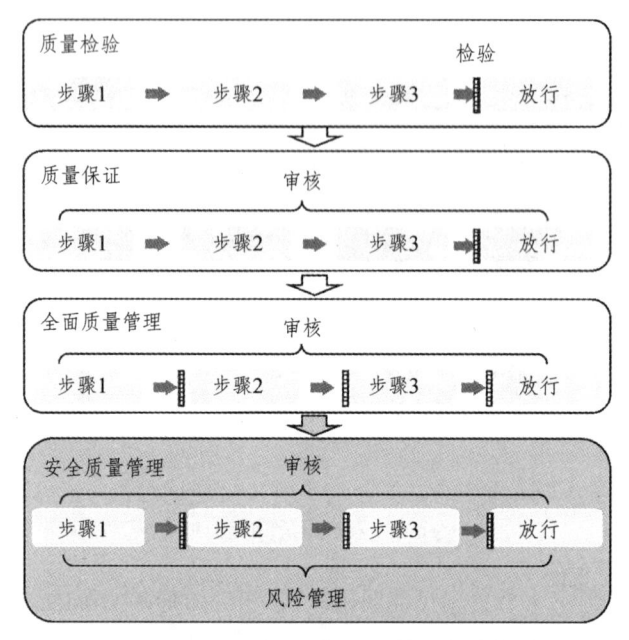

图 6.7 CCAR-145 部质量管理各阶段

### 1. 质量检验阶段（Quality Inspection）

这一阶段的标志是 1988 年 11 月 CCAR-145 部《维修许可审定》（以下简称 CCAR-145 部首版）的颁发，最典型特点是设置质量检验部门和检验人员。

CCAR-145 部首版是改革开放后，中国民航学习国际先进管理理念颁布的全新维修管理规章。该规章借鉴了美国联邦航空局（FAA）民用航空器维修机构管理的法规（14 CFR Part 145）并吸收了国际标准组织质量管理理念，首次提出了维修单位必须符合的基本原则——"五三"原则。要求维修单位必须建立质量控制和检验系统、工程控制系统、生产控制系统，维修许可证申请人在提交申请书时，须提交包含维修单位检验程序的《维修管理手册》（质量控制手册/检验程序手册）。

这一阶段的质量管理侧重于规范满足质量要求的操作技术和活动，重点在于确保个体和具体项目、工作的符合性。因此，《维修许可审定》第145.17条"质量控制和检验系统"中，分别从检验人员、器材检验（包含新件入库、待修件预检）、工序检验、最终检验和放行、工具校验等方面进行了规定，要求：

检验人员必须精通本专业的检验方法、技术和设备，能对经过维修或改装的产品在质量上作出正确的判断，能熟练、正确地使用检验工具、量具、仪器、设备，能正确理解、掌握现行有效的工艺说明书、检验文件和其他有关资料，如民航局发布的适航指令、通报等。从事无损检验的人员必须持有合格证件，能正确使用设备，准确地判断故障、缺陷。

维修单位必须建立完善的器材入库检验系统和防止混料、器材损伤的保管条件、保管制度。具有严格的外购器材、转包件的质量控制系统。有时控件控制系统，具有完善的待修件预检制度，具有严格的工序检验、最终检验和放行制度，建立计量、测试工具设备精确度控制系统。

质量检验阶段设置质量检验部门和检验人员，从盯个人、盯具体的活动或事项来，通过最终的检验实现质量管理，这与当时所处的时代背景有关。1978年改革开放后，国家从工业领域入手，推动工业企业实施规范化、制度化质量管理，提高质量控制能力。这部规章所在的1979—1989年，是国外先进质量管理理念的引进和推广阶段，这一阶段的主要特点是政府主导，自上而下有计划、有重点地向企业引进和推广现代质量管理理念。这是中国民航维修首次接触现代质量管理理念而建立的规章，使用了现代质量管理理念中最容易接受、最易推广的质量检验方法。

2. 质量保证阶段（Quality Assurance）

1993年2月《民用航空器维修许可审定的规定》（以下简称CCAR-145 R1）的颁发，标志着质量管理进入质量保证阶段。CCAR-145 R1保持维修单位必须符合的"五三"基本原则不变，将"质量控制系统"升级为"质量保证系统",并赋予质量保证系统质量检验和质量审核两种功能（详见1993年7月发布的AC-145-07《〈民用航空器维修许可审定的规定〉条款解释》），首次提出合格的维修单位的质量保证必须具有自我质量审核的功能。

质量保证阶段将质量管理的关注重点过渡到质量活动的执行过程。因此，这部规章在质量检验基础上，增加对维修工作过程的监督，规章中第145.43条"质量保证系统"规定：

合格的维修单位必须具有相对独立的质量保证系统来监督所有维修工作程序的完整性和对适航规章的符合性。质量保证系统必须具有质量否决权。质量保证系统必须明确质量方针、质量目标和承担的质量责任，并在维修单位手册中以文字体现。

从规章来看，这一阶段的主要特点是"盯过程"，这也是学习国际先进经验的结果。1986年，国际标准化组织（International Organization for Standardization，ISO）发布了世界上第一个质量管理体系标准，命名为ISO8402《质量管理和质量保证——术语》。这个标准在历史上第一次统一了质量管理和质量保证的术语，打下了质量管理体系建设的基础。随后，1987年ISO9000：1987《质量管理和质量保证标准——选择和使用指南》（第1版）发布。从CCAR-145 R1的修订来看，民航维修是较早将国际标准化组织质量管理理念应用于实际的行业。

3. 全面质量管理阶段（Total Quality Management，TQM）

随着航空器数量和型号的快速增长，20世纪90年代后期我国民用航空器维修业获得了很大的发展，国内一大批民营、外资和合资维修企业迅速崛起。同时，航空器持续适航管理也渐趋国际化，国际民航组织在对我国的持续适航管理进行评估时提出了相应管理法规同国际接轨的要求。为了促进民航维修业发展，使政府的管理科学化、规范化、现代化，CCAR-145部分别于2001年和2005年进行了修订（2005年版规章中质量系统要求与2001年版规章基本一致）。这次修订确立了维修单位必须符合的"五四"原则，并设立了维修系统的"三大经理"。要求维修单位建立一个由责任经理负责的质量系统,并建立独立的自我质量审核系统或将自我质量审核功能赋予质量部门。

这一阶段质量管理的主要特点是"全员参与"和"全过程管理"。"全员参与"强调质量管理工作不局限于质量管理部门,要求单位各部门都要参与质量管理工作,将质量控制工作落实到每一名员工。因此,规章新增了"明确各类人员资格要求并建立人员岗位资格评估制度,对满足资格要求的人员进行书面授权"的要求,强化维修各个环节人员能力要求,推动全体人员参与质量管理。并新增了培训系统和培训设施要求,以适应加强维修人员素质的需求。因全面质量管理是全员参与,为适应这一发展需要,规章取消了质量系统对检验及检验人员的规范。

"全过程管理"要求对产品维修过程所有环节进行全面控制,规章在两次修订中,分别增加了器材供应商评估要求、入库检验要求、劳动保护要求、体检要求以及维修人为因素知识要求,从器材采购、技术文件编制、维修实施、维修人员和修后交付等全过程进行控制,将产品质量的事后检验变为生产过程中的质量控制。为确保全过程管理的有效实施,规章要求维修单位建立自我质量审核系统,推动维修单位有计划地评估本单位维修工作对规章的符合性,验证质量管理系统的有效性,并进行自我完善,推动维修单位的管理从"他律"向"自律"转变。

4. 安全质量管理阶段(Quality and Safety Management System,QSMS)

进入 21 世纪,随着中国民航体制改革的推进,民航业高速发展。2013年,国际民航组织向全球发布国际民用航空公约附件 19"安全管理",要求各缔约国对国内从事航空活动的个人和组织机构建立成熟的安全监督体系。2015 年,国务院开始在全国推动"放管服"改革,民用航空器维修单位许可管理制度及监管要求发生了较大变化,针对这些变化,2022 年民航局修订发布了 CCAR-145 R14。这次修订,要求维修单位应当以质量系统为基础,建立安全管理体系，建立风险管理系统，包括风险分析评估、风险控制和风险监控，并作为安全、质量管理政策和措施的基本依据。建立安全、质量监督和保证体系，对安全和质量水平实施有效的监控和测量，监督相应的责任部门和人员对存在的各种隐患进行有效的评估并及时采取有效的改正措施，降低安全风险，预防安全、质量问题的发生。

这一阶段的主要特点是在原有全面质量管理基础上增加风险管理，形成全新的质量安全管理体系（QSMS）。质量安全管理体系既重视维修中的全面质量管理，也要控制维修中的安全风险，两者的对比见表6.1。虽然侧重点不同，但相互关联互相促进，因此质量安全管理体系也可称为基于风险管理和评估的全面质量管理体系。对于航空器维修单位和人员来说，质量管理讲究标准"不变"，通过各种数据统计技术、流程控制工具等，将产品质量的波动限制在可接受范围内。安全管理却要感知"变化"，因为风险本身难以量化且一直在动态变化，今天所谓的高风险，明天可能变为低风险，反之亦然。当前，这种转变和融合困扰了不少"质量人"，需要转变工作模式和思维方式去应对变化的安全形势。

表6.1 质量管理体系与安全管理体系对比

| 项 目 | 质量管理体系（QMS） | 安全管理体系（SMS） |
| --- | --- | --- |
| 关注重点 | 是否合规 | 是否存在风险 |
| 目标 | 让客户满意 | 让员工满意 |
| 工作内容 | 过程管控和检验 | 危险源识别和风险分析 |
| 技术标准 | 不变的 | 变化的 |
| 危险识别 | 被动的 | 积极主动的 |

## （三）维修单位质量系统的主要工作

### 1. 建立质量方针和质量目标

质量方针指的是由维修单位最高管理者正式发布的总质量宗旨和方向。

通常质量方针与维修单位的总方针相一致并为制定质量目标提供框架。质量方针，又称为质量政策，对企业来说，质量方针是企业质量行为的指导准则，反映企业最高管理者的质量意识，也反映企业的质量经营目的和质量文化。从一定意义上来说，质量方针就是企业的质量管理理念。

质量目标将质量方针的意图转化并表达为有计划地改进，质量目标通常依据维修单位的质量方针来制定，在维修单位的相关职能、层级和过程等步骤中分别制定指标。质量目标的制定应遵循 SMART 原则：

S——Specific 明确的：目标必须是有方向性，清晰的，具体的。

M——Measurable 可度量的：目标必须是可量化，能够进行定量或定性测量。

A——Attainable 可达到的：目标必须是有一定挑战性，并能够实现的。

R——Relevant 相关联的：目标必须是有相关性，行动、成果配合目标的实现。

T——Time-based 有时限的：目标必须是有明确的时间限制并定时检视，检视目标、行动、成果的进度。

在质量目标监视和测量活动中，要检查维修单位内部门为完成质量目标制定的计划、措施是否落实，要特别注意检查各部门实施质量目标的时效性，发现问题，要及时分析原因制定纠正或预防措施，更好地实施 PDCA（Plan 计划、Do 执行、Check 检查和 Act 处理）循环。

**2. 质量控制**

ISO9000：2015 对质量控制（Quality Control，QC）定义是"质量管理的一部分，致力于满足质量要求"。质量控制的主要工作体现为产品实现过程的质量检验，以及对质量问题的分析、改善和不合格品控制。按照产品实现过程顺序，质量控制可划分为来料质量控制（Incoming Quality Control，IQC）、过程质量控制（In Process Quality Control，IPQC）、最终检查验证（Final Quality Control，FQC）和出货质量控制（Outgoing Quality Control，OQC）。对应维修单位生产流程，分别为器材入库检验、维修过程检验、维修放行和交付检验。

器材入库检验是维修生产前第一个控制质量的关卡，由维修单位航材采购部门对采购的原材料、标准件、维修器材、耗材和航油航化产品等进行确认和查验，器材入库检验将质量控制的关口前移，将质量问题发现在最前端，避免采购的不合格产品进入维修过程，有效降低质量控制成本。

维修过程检验指在维修过程中，对维修过程中的重要环节或维修产品需满足的重要参数进行检验，由维修单位授权的检验人员完成。维修过程检验是民用航空器及民用航空器部件维修中的重要环节，以签署维修记录或在维修记录盖检验印章的形式完成。过程检验方式主要有首件检查、过程互检、过程专检。首件检查指维修能力建立后完成的第一个产品的检查，包含了完成过程的检查和产品最终性能的确认。首件检查需要维修人员、维修班组长、工程技术人员均到场，全面、完整地验证维修的全过程，尽早发现维修能力的系统性问题，避免批量产品出现问题。过程专检由专职的检验人员完成，通常设在维修过程的关键作业点和控制点，如关键工序全部完成后、特种作业完成后、一个完整的工作完成遮蔽之前，检验人员对前序工作或控制点进行再次确认，以确保满足技术文件要求。

维修放行是对维修成品的检验验证，包含了对产品完整性、维修工作完整性、产品性能测试数据和随产品文件的确认，由维修单位授权的放行人员完成，以签署维修放行证明文件的形式完成。除上述工作外，维修放行人员还需反馈放行工作中发现的问题，协助制定预防措施。对于航空器，维修单位还应派出最高层级质量管理人员代表维修单位进行检查。

交付检验是维修产品交付航空器运营人或所有人前的最后一轮检查，通常由直接对接客户的部门完成，主要工作是确认客户的维修需求是否全部得到满足。

除上述工作外，维修单位质量管理部门还应当指定专门的质量控制人员，负责收集维修产品交付后不合格品的控制，并对不合格品的质量问题进行分析，改进维修工作流程。

3. 质量保证

ISO9000：2015 对质量保证（Quality Assurance，QA）的定义是"质量管理的一部分，致力于提供质量要求会得到满足的信任"。质量保证通过建立和维护质量管理体系来确保产品质量没有问题，出厂的产品质量有保证。质量保证是事前的质量管理活动，以预防为主，通过提前预设的控制手段，降低不良的发生概率。在维修单位质量管理中，质量保证的主要工作包括质量管理体系的维护与纠正、维修流程的质量监控、维修数据的收集与分析、质量事件调查与改进、内部审核。质量保证最直接的体现，就是对维修单位各类手册的遵守。

4. 质量改进

ISO9000：2015 对质量改进（Quality Improvement）的定义是"质量管理的一部分,致力于增强满足质量要求的能力"。质量改进是消除系统性的问题，对现有的质量水平在控制的基础上加以提高，使质量达到一个新水平、新高度。质量改进通常从不合格品或产品质量问题入手，包含以下七个流程：

（1）收集不合格品或产品质量问题。

（2）分析问题直接原因。

（3）制定立即纠正措施。

（4）进一步分析问题背后的根本原因。

（5）制定预防纠正措施，改进系统问题。

（6）验证纠正措施效果。

（7）优化、固化措施。

## 七、第 145.24 条 安全管理体系

维修单位应当以质量系统为基础，建立满足下列要求的安全管理体系：

（a）建立事件和危害报告系统，并对报告的信息进行必要的整理和分析，识别出潜在或者已经发生的风险；

（b）建立风险管理系统，包括风险分析评估、风险控制和风险监控，并作为安全、质量管理政策和措施的基本依据；

（c）建立有计划地评估本单位安全、质量管理有效性的内部审核系统，验证并进行自我完善；

（d）建立安全、质量监督和保证体系，对安全和质量水平实施有效的监控和测量，监督相应的责任部门和人员对存在的各种隐患进行有效的评估并及时采取有效的改正措施，降低安全风险，预防安全、质量问题的发生；

（e）建立高效的调查与差错管理机制，对维修过程中或者已经放行维修工作出现的安全、质量问题及时开展调查，如实反映情况，分析根本原因，并提出预防措施建议。

维修单位可以以质量系统为基础另行建立安全管理体系，也可以在质量系统的基础上建立安全管理体系。

## （一）中国民航安全管理体系建设

安全管理体系（Safety Management System，SMS）的理念最早由加拿大提出。2006年3月，ICAO对国际民用航空公约附件6《航空器运行》、附件11《空中交通服务》和附件14《机场》进行了统一修订，要求各缔约国航空运营人、机场、空管及维修单位建立并实施SMS，并于同年发布了第一版《安全管理手册》(DOC9859)。2005年3月，加拿大民航局长到中国民航总局访问，介绍了加拿大开展SMS的情况和SMS的理念，可帮助中国民航建立SMS，由此正式拉开了中国民航开展SMS研究的序幕。2007年3月，民航总局颁发了《关于中国民航实施安全管理体系建设的通知》，在全行业进行SMS总体框架、系统要素和实施指南等相关知识的培训。同年10月正式印发了《中国民航安全管理体系建设总体实施方案》，全面启动了中国民航SMS建设和实施的进程。后续，民航局分别在《大型飞机公共航空运输承运人运行合格审定规则》(CCAR-121部)、《运输机场安全运行管理规定》(CCAR-140部)、《民用航空空中交通管理运行单位安全管理规则》(CCAR-83部)等规章中，对运输航空公司、机场、空管的 SMS 体系作出了规定，同时分别针对航空公司、机场、空管、维修单位、危险品运输等领域制定了 SMS 建设和实施的指导性文件。2015 年 2 月，民航局发布《中国民航航空安全方案》。2018 年，《民用航空安全管理规定》（CCAR-398 部）发布，对 SMS 作出了较为系统和具体的规定。

## （二）报告系统

国际民用航空公约附件 13 "航空器事故和事故征候调查"第 8 章规定"各国必须建立和保持一个事故和事故征候数据库，以便于对所获得的现有或潜在安全缺陷的资料进行有效分析，确定需要采取的任何预防行动"。附件 19 "安全管理"第 5 章规定"各国必须建立强制性事故征候报告制度，以便于收集有关实际或潜在安全缺陷的信息。各国必须建立自愿性事故征候报告制度，以便收集强制性事故征候报告制度可能收集不到的有关实际或潜在安全缺陷的信息"。2005 年，民航总局颁发了《民用航空安全信息管理规定》（CCAR-396 部），CCAR-396 部的颁发标志着我国强制报告系统的建立，民航总局为强制报告系统的主管部门。该规定经 2007 年、2009 年、2016 年和 2022 年四次修订后，当前共七章四十五条，内容涵盖人员培训、设备管理、信息收集、信息处理、信息分析与应用、法律责任。

### 1. 安全信息员

2022 年 11 月生效的《民用航空安全信息管理人员管理办法》（AC-396-12）规定，民航局航空安全办公室负责安全信息管理人员（简称"安全信息员"）的统一监督管理，企事业单位负责本单位安全信息员的管理，组织本单位安全信息员按规定参加培训和保持资格。安全信息员必须具备政治过硬、忠于职守、敬业奉献、遵纪守法、廉洁奉公、品行良好的基本素质，并且经过不少于 32 学时的初始培训并考核合格，内容包含民航基础知识、民用航空安全信息管理规定及相关规范性文件的解读、安全信息系统的使用、信息分

析方法与程序、人的因素/典型风险分析、安全信息管理应用与实践等。每两年参加不少于24学时的安全信息员复训并考核合格。

2. 强制报告系统

民用航空安全信息强制报告系统要求企事业单位依据事件样例（最新版详见 2023 年 11 月发布的 AC-396-08R3《事件样例》），按照以下规则报告紧急事件和非紧急事件：

紧急事件发生后，事发相关单位应当在事件发生后 12 小时内（事件发生在我国境内）或者 24 小时内（事件发生在我国境外），按规范如实填报民用航空安全信息报告表，主报事发地监管局，抄报事发地地区管理局、所属地监管局及地区管理局。

非紧急事件发生后，事发相关单位应当在事发后 48 小时内，按规范如实填报民用航空安全信息报告表，主报事发地监管局，抄报事发地地区管理局、所属地监管局及地区管理局。

民用航空安全信息使用中国民用航空安全信息系统（Aviation Safety Information System of CAAC，网址 https：//safety.caac.gov.cn/）上报。

3. 自愿报告系统

2004 年，民航局参考美国航空安全报告系统（Aviation Safety Reporting System，ASRS），委托中国民航大学安全科学研究所建立航空安全自愿报告系统（Sino Confidential Aviation Safety Reporting System，SCASS，网址 https：//scass.airsafety.cn/），并发布 MD-AS-2004-02《航空安全自愿报告系统》指导相关工作。该系统用于收集安全信息，及时发现航空系统运行的安全隐患和薄弱环节，分析行业安全的整体趋势和动态，为航空安全管理提供决策支持。中国民用航空安全自愿报告系统运行的基本原则是自愿性、保密性和非处罚性。民航局支持第三方机构建立中国民用航空安全自愿报告系统，并委托第三方机构负责该系统的运行。

（1）自愿性：提交给SCASS的报告完全是报告人的自愿行为，自愿性是信息可靠性的保证。

（2）保密性：SCASS承诺对报告中涉及的个人识别信息保密。实施保密性原则的目的是避免对报告人以及报告涉及的组织或个人造成不利的影响，最大限度地消除报告人害怕处罚、丢面子、影响提职、影响评奖以及怕集体荣誉受损的心理。SCASS通过严密的工作程序实现保密的目的。SCASS收到报告后，将个人信息返回或销毁，删除报告中各种个人识别信息后交专家分析处理，报告处理完毕将销毁原文字报告，去除别信息的报告和专家分析报告存入数据库。识别信息包括报告者姓名、日期、地点、涉及人员、涉及单位等可能识别出所涉及人员的身份和单位的信息。

（3）非处罚性：SCASS不具有任何处罚权。系统受理的报告内容既不作为对报告人违章处罚的依据，也不作为对其他所涉及人员和涉及单位处罚的依据。SCASS所存储的数据不包括任何个人与单位的识别信息，因此其受理的报告不可能作为诉讼、行政处罚以及检查评估的材料。SCASS以不损害报告人、其他相关人员和单位的声誉和利益为运行原则。如果信息数量和质量与保密性发生矛盾，应当服从保密性。

民航局也鼓励企事业单位建立本单位民用航空安全信息自愿报告系统，以收集、分析和发布本单位民用航空安全信息。

### （三）风险管理

航空安全风险管理是控制安全风险、实现安全目标的重要手段。民航局要求根据行业安全水平、每个单位具体运行环境的复杂程度以及单位的具情况，建设风险管理系统。维修单位的风险管理包含了以下四个环节。

1. 系统和工作分析

系统和工作分析是风险管理工作循环的首要步骤，是通过主动对组成系统的硬件、软件、人员和环境及其相互之间的影响、现有的风险控制措施进

行系统和持续地分析,梳理系统的组织结构、运行过程、程序及资源(人员、设备、设施),识别系统和工作运行中存在的主要问题和障碍因素,提出危险源识别要求。

2. 危险源识别

危险源识别是根据系统和工作分析结果以及安全保证提出的要求,在维修单位整个系统范围内识别生产运行过程中存在的危险源,分析其原因及潜在后果的过程。

3. 风险分析和风险评价

风险分析和评价是通过对照定性和定量标准对危险源潜在后果的严重性及其发生的可能性进行评判,确定风险等级和可接受程度。完成危险源识别工作后,相关部门须立即启动风险分析和评价工作。

4. 风险控制

风险控制是针对每个不可接受的风险、不合要求的风险和采取措施可接受的风险制定风险控制措施并组织实施的过程。

## (四)安全保证

安全保证是运用质量保证技术,通过对各类安全信息的收集、分析,持续对生产运行过程和安全管理体系实施监测,识别危险源,验证风险控制措施和安全管理体系的有效性,实施系统评价和管理评审,持续改进,确保持续符合规章和组织要求,不断提升安全管理水平。安全保证体系包含了安全绩效管理、安全监督、安全信息管理、系统评价、预防与纠正措施、管理评审和持续改进。

安全绩效管理是以过程和结果为导向,通过设置安全绩效指标和安全绩效目标,对生产运行的结果及安全管理的各项具体环节进行全面的监控和衡量,预警安全风险,及时纠正偏离,并以督办和考核的工作方式,不断提高自我完善功能和安全管理效能，确保各项安全保证工作落实到位，从而实现安全管理体系持续改进。安全绩效管理的输出作为风险管理、安全检查、内部审核、外部审核、内部评估、事件调查、安全信息管理、安全隐患排查治理、预防和纠正措施、管理评审的输入。

安全监督系统通过持续监控、审核、调查等手段，对组织维修生产运行的所有方面进行定期或持续的监管，以确定实际的维修生产运行活动与法律、法规、标准和程序等相关要求的符合性和安全管理活动的有效性。通过收集安全保证所使用的各种信息，用以实现安全保证的功能。

## （五）内部审核

1992年8月发布的AC-145-06R1《维修单位的自我质量审核》（已取消）详细地说明了如何开展内部审核。2018年2月发布的《民用航空安全管理规定》（CCAR-398部）第二十一条要求"民航生产经营单位应当建立内部审核、内部评估制度和程序，定期对安全管理体系或者等效的安全管理机制的实施情况进行评审"。本规则第145.24条c）款也要求"建立有计划地评估本单位安全、质量管理有效性的内部审核系统，验证并进行自我完善"。2022年9月发布的《民航单位法定自查工作规范》（AC-13-LR-2022-01）为民航生产经营单位完成内部审核提供了指导。内部审核是维修单位检查管理体系运行是否有效，保证管理体系自我完善和持续改进的有效手段，包含以下流程。

1. 编制年度审核计划

按照CCAR-398部、CCAR-145部和AC-13-LR-2022-01的要求，维修单位内部审核每年度至少完成一次，每年12月31日前，完成下一年度的审核计划编制。但如有下述情况，可视情增加内部审核：

（1）当合同要求或者客户要求评价安全、质量体系时。

（2）当维修单位组织机构发生重大变化时。

（3）第三方审核实施前。

（4）发生严重不符合情况需要审核时。

（5）责任经理提出要求时。

2. 成立审核小组

根据内部审核目的、范围、部门、过程及日程安排，责任经理或其授权的质量经理成立内审小组。内部审核人员须满足 AC-13-LR-2022-01 第 3 章的条件，并接受相关培训。

3. 编制内部审核实施计划

按照年度内部审核计划安排的月份，编制内部审核日程计划。编制人员应与各审核员及被审核部门负责人确认时间的安排是否合理，如有问题，及时调整计划。

4. 编制事项库清单和检查表

维修单位应当根据适用的法律法规、标准等，对标监管事项库（民航局 SES 系统），结合自身特点和实际情况，编制本单位事项库清单。依据事项库清单，审核员编制对应部门的检查表。

5. 通知内部审核

内部审核前至少提前一周通知受审部门，内审实施计划应得到受审核部门负责人的确认。

6. 首次会议

内部审核前应召开首次会议，由审核组组长主持，审核组全员、受审部门负责人、三大经理及有关人员参加并签到，会议时间以不超过半小时为宜。

首次会议主要完成：

（1）向受审核部门介绍审核组成员分工。

（2）声明审核范围、目的和依据。

（3）确认受审核部门配合人员。

（4）宣读审核计划。

## 7. 现场审核

现场审核是使用抽样检查的方法寻找客观证据的过程。现场审核需遵守以下原则：

（1）诚实正直。

（2）公正表达。

（3）职业素养。

（4）保密性。

（5）独立性

（6）基于证据的方法。

（7）基于风险的方法。

## 8. 末次会议

现场审核结束后召开末次会议，由审核组长主持，审核组全员、受审核部门、三大经理以及相关人员参加并签到。

末次会议主要完成：

（1）重申审核范围、目的和依据。

（2）审核说明。

（3）宣读不合格项报告。

（4）提出纠正措施要求。

（5）宣读审核意见，说明审核报告发布时间、方式及其他后续要求。

（6）审核总结。

## 9. 审核报告

末次会议结束一周左右，审核组长应对本次审核的不合格报告进行汇总、分析，制订"不符合项分布表"，并向责任经理提交"内部审核报告"。

按照 AC-13-LR-2022-01 的要求，内部审核的案卷保存期不得少于三年。

## （六）事件调查

事件调查是防止事故和事故征候再次发生的重要手段，国际民用航空公约附件 13 "航空器事故和事故征候调查"第 26 条要求 "航空器事故所在国在某些情况下承担发起调查的义务，并在法律许可的范围内按照国际民航组织建议的程序着手对事故进行调查"。1980 年，民航总局发布《中国民用航空飞行事故调查条例》（简称"调查条例"）。2000 年，民航总局发布《民用航空器飞行事故调查规定》（简称"CCAR-395 部"）替代了调查条例，该规定于 2007 年、2020 年和 2022 年进行了三次修订，当前共八章六十条，内容包含调查组织、调查员管理、事件报告、事件调查、调查报告管理等。

1. 调查原则

国际民用航空公约附件 13 和 CCAR-395 部均规定，调查的唯一目的是预防类似事件再次发生，不是为了分摊过失或者责任。中国民航将事件调查定位为技术调查，查明原因的唯一目的是预防事件的再次发生，而不是追究过失或者确定行政、民事或刑事责任。为了达到这一目的，规定事件调查必须遵守以下四项原则。

独立原则：调查应当由组织事件调查的部门独立进行，不受任何其他单位和个人的干涉。

客观原则：调查应当坚持实事求是、客观公正、科学严谨，不得带有主观倾向性。

深入原则：调查应当查明事件发生的各种原因，并深入分析产生这些原因的因素，包括航空器设计、制造、运行、维修、保障、人员培训，以及行业规章、企业管理制度和实施方面的缺陷等。

全面原则：调查不仅应当查明和研究与本次事件发生有关的各种原因和产生因素，还应当查明和研究与本次事件发生无关，但在事件中暴露出来的或者在调查中发现可能影响安全的问题。

## 2. 调查员

由于事件调查专业性极高，是一个非常复杂、严谨的过程，通常最终的调查报告需要花费数月甚至数年的时间才能完成。因此，一支素质高、能力强的专业化调查队伍，是完成调查的基础。

2023 年 11 月发布的《民用航空器事件调查员管理办法》(MD-395-AS-05 R1)要求，调查员必须政治过硬、忠于职守、敬业奉献；遵纪守法、廉洁奉公、品行良好；在航空安全管理、飞行运行、适航维修、空中交通管理、机场管理、航空医学或者飞行记录器译码等专业领域具有 3 年及以上工作经历，具备较高专业素质；按照民航局《民用航空器事件调查员培训管理办法》的要求参加培训且考核合格；有一定的组织、协调和管理能力；身体和心理条件能够适应调查工作。

2023 年 12 月发布的《民用航空器事件调查员培训管理办法》(MD-395-AS-06 R1)要求，新申请取得调查员资格的人员，必须参加 32 个学时的初始培训，并且在经验丰富的调查员指导下，完成至少两次事件调查实操。为保持调查能力，调查员每两年还需参加 24 个学时的复训，内容包括调查知识更新、典型事件调查、调查演练等。

为了指导调查员和其他相关人员完成事件调查，民航局编制发布了《民用航空器事件技术调查手册》(WM-395-AS-03 R1)，对调查的组织、通知与初始响应、现场调查、试验验证等调查中的工作进行指导。

为便于实施调查，民航局、地区管理局和监管局会为调查员配备调查设备和个人防护用品(详见 MD-395-AS-04《民用航空器事件调查设备装备管理办法》)，按调查需要进行疫苗接种、办理旅行证件和增添工具等，以便随时赶赴事发现场。

## 3. 调查的组织

在我国境内发生的事件由我国负责组织调查。在我国境内发生事故、严重征候时，组织事件调查的部门应当允许航空器登记国、运营人所在国、设计国、制造国各派出一名授权代表和若干名顾问参加调查。有关国家无意派遣授权代表的，组织事件调查的部门可以允许航空器运营人、设计、制造单位的专家或者其推荐的专家参与调查。

对于由民航局和地区管理局组织调查的事件，按照以下分工完成：

国务院授权组织调查的特别重大事故、运输航空重大事故/较大事故和民航局认为有必要组织调查的其他事件由民航局组织调查。

本辖区发生的运输航空一般事故、通用航空事故、征候以及民航局授权地区管理局组织调查的事故、地区管理局认为有必要组织调查的一般事件由地区管理局组织调查。

未造成人员伤亡的一般事故、征候，地区管理局可以委托事发民航生产经营单位组织调查。

组织事件调查时，组织事件调查的部门会任命一名调查组组长，负责管理调查工作，有权对调查组组成和调查工作作出决定。调查组组长可根据调查工作需要，成立若干专业小组，分别负责飞行运行、航空器适航和维修、空中交通管理、航空气象、航空安保、机场保障、飞行记录器分析、失效分析、航空器配载、航空医学、生存因素、人为因素、安全管理等方面的调查工作。调查组组长指定专业小组组长，负责管理本小组的调查工作。与事件有直接利害关系的人员不得参加调查工作。

4. 调查报告

调查报告是事件调查结果的最终呈现，调查报告按照民航局要求的统一格式，依据各专业调查小组的报告编写而成，调查组组长对报告的完整性和质量负责。调查报告是调查组以书面的形式，对民用航空器事件的发生过程、基本事实、原因分析、调查结论以及针对存在的安全问题、安全隐患提出的改进建议所进行的叙述和论证。因此，不仅要围绕事件原因进行全面、深入、科学、细致的分析，还要给出准确、恰当的调查结论，更重要的是对事件提出有针对性，具有更广泛现实和深远意义的安全建议。

调查组编制完调查报告草案后，会发送给事发相关单位和参与调查的相关单位征询意见，同时还会向登记国、运营人所在国、设计国、制造国和参与调查的国家征询意见。依据征询意见完成修订后的调查报告，提交给组织事件调查的部门的航空安全委员会或者其授权的部门进行审议通过，调查报告审议通过后调查终结。

最终的调查报告，组织事件调查的部门会按规定向航空器登记国、运营人所在国、设计国、制造国、国际民航组织和蒙受公民死亡或重伤的国家，以及为调查提供相关资料、设备或专家的有关国家送交。事故和严重征候的最终调查报告应当在事发 12 个月内由组织事件调查的部门依法及时向社会公布。未能在事发 12 个月内公布最终调查报告的事故或者严重征候，组织事件调查的部门应当在事件周年日向社会公布调查进展情况和发现的安全问题。调查报告全文公布在中国民用航空安全信息系统上。

## 八、第 145.25 条 工程技术系统

维修单位应当建立一个落实其工程管理责任的工程技术系统，包括制定下列维修工作实施文件：

（a）根据有关技术文件及送修人的要求制定符合下列规定的维修工作单卡：

（1）工作单卡可以由本单位制定或者由送修人提供，但应当具有设定并记录工作顺序和步骤的功能。在有关技术文件修改时，应当评估工作单卡是否需要修订并记录，需要修订的，应当及时进行修订。

（2）工作单卡中涉及参考资料的，应当标明文件号和名称。工作内容的规定应当具体、清晰；要求填写实测值的，应当给出计量单位；要求使用有关器材或者专用工具设备的，应当标出件号或者识别号。

（3）国内维修单位的工作单卡应当至少使用中文，在国外/地区送修客户

提出要求的情况下，实施国外/地区注册的民用航空器以及其上安装的或者即将安装的部件的维修，工作单卡可以采用英文，但维修单位必须确保本单位的维修人员能够正确理解工作单卡的内容；国外维修单位应当确保本单位维修人员能够正确理解工作单卡的内容。

（4）工作单卡的修改应当按照规定的程序进行，修改后应当经授权人员签名或者盖章并标注日期。

（b）根据有关技术文件制定符合下列要求的维修工作实施依据文件：

（1）维修工作实施依据文件是指载明某一具体维修工作实施方法和要求的技术文件。维修单位在已核准其适用性并且保证维修人员能够正确理解的情况下，维修工作实施依据文件可以直接使用有关技术文件中的内容。

（2）当由于语言、使用替代的工具设备或者器材等原因，使有关的技术文件无法直接使用时，维修单位应当制定本单位的维修工作实施依据文件。在有关的技术文件修改时，应当评估本单位的维修工作实施依据文件是否需要修订并记录，需要修订的，应当及时进行修订。

（3）维修单位制定的维修工作实施依据文件应当使用所有维修人员能正确理解的文字。国内维修单位制定的维修工作实施依据文件应当至少使用中文。

## （一）维修单位工程技术系统和运营人工程技术部门

管理维修单位的 CCAR-145 部和管理运营人的 CCAR-121/135/136 部均提到了落实工程技术管理责任的部门，前者侧重于工作实施，后者侧重于适航管理。维修单位的工程技术部门，主要的工作维修工作单卡和维修工作实施依据文件，重点工作在于将技术文件中的要求，转化为维修单位内部的维修人员能够直接使用的文件。而运营人的工程技术部门，承担了运营人航空器的重要持续适航管理工作，包含了编制维修方案和最低设备清单、制定具体维修技术要求和改装方案等。

## （二）维修实施依据文件的制定

详见 2023 年 4 月发布的 AC-145-FS-008 R1《航空器及其部件维修技术文件》。

## 九、第 145.26 条 生产控制系统

维修单位应当建立一个由各有关生产部门及维修车间共同组成的生产控制系统。生产控制系统应当符合下列规定：

（a）生产控制系统在实施每项维修工作前应当确认具备维修工作所需要的厂房设施、工具设备、器材、合格的维修人员、技术文件。

（b）生产控制系统安排的维修工作计划应当与本单位维修工时资源相适应。维修工时资源应当根据本单位的人员素质、倒班制度等确定。

（c）当某些维修工作步骤同时进行可能会对施工安全性和维修质量造成不良影响时，生产控制系统应当合理安排工作顺序以避免其发生。当因休息或者交接班等需要中断正在进行的维修工作时，生产控制系统应当控制工作步骤及记录的完整性，以保证维修工作的连续性。

（d）生产控制系统应当对每项具体的维修工作建立维修工时管理制度，记录实际维修工时，并与标准工时进行对比，以控制维修工作的完整性。维修工时管理应当以人·小时为单位。标准工时的确定应当依据工作内容、人员素质、工具设备的状况和工作条件等有关因素。在保证维修工作完整性的前提下，初始标准工时可以参考航空器或者其部件制造厂家推荐的数据或者同类维修单位的经验，并通过统计分析不断调整标准工时。

## （一）生产计划

生产计划安排对一个维修单位来说是非常重要的，合理的生产计划可使维修单位的人员发挥最大的工作效率。生产控制部门应清楚掌握维修单位用于民用航空器维修的资源和当前维修单位的维修工作进度，通过合理的生产

任务分配，既能提高维修单位生产效率，也能降低忙闲不均带来的人为差错。因此，在本规则第145.21条规定生产控制人员必须持有维修人员执照。

## （二）工时管理

工时管理常用方法有专家判断法、比较法、自上而下法和参数法。

专家判断法是指由有经验的专家根据历史数据、类似维修工作的经验和技术分析等因素进行估算。

比较法是将类似的维修工作和目标维修工作进行对比，据此进行工时估算。

自上而下法将总的维修工作分解为若干个组成部分，再将组成部分分解成更小的部分，从而更准确地计算总工时。

参数法是通过对维修工作的各个方面进行分析，建立一定的参数模型，计算得到工时结果。

无论是用上述何种方法得出的标准工时，均应当与实际维修时的工时进行对比分析，以校准标准工时，使其能够与实际相匹配。准确的标准工时，是制定合理生产计划的基础。

## 十、第145.27条 培训管理系统

维修单位应当建立培训管理系统，并根据本规则第145.21条的要求制定本单位各类人员的培训大纲，建立各类人员的技术档案，并满足下列要求：

（a）培训大纲中应当至少明确各类培训对象的培训内容、培训目标、学时要求、培训形式、考试制度及培训机构、培训管理职责等内容，培训大纲及其任何修订应当符合局方要求。

（b）维修单位的各类人员在独立从事每个维修项目或者维修管理、支援工作前应当至少经过培训大纲中规定的项目培训并合格，并且经过下列要求的更新培训或者再培训：

（1）对有关的民航法规、国家标准或者行业标准、专业知识、工作程序和维修人为因素知识发生的修订或者变化进行更新培训；

（2）当连续中断某项工作超过两年以上，应当在恢复工作前重新经过培训大纲规定的项目培训；

（3）当在民用航空器维修或者维修管理中应用新技术或者设备时，涉及的人员在使用前应当经过相应的培训。

(c)维修单位应当根据本条(b)款规定的培训要求制定各类人员的年度培训计划。培训计划可以根据需要进行调整。

(d)维修单位应当建立并妥善保存本单位各类人员的技术档案和培训记录。

(e)维修单位应当及时修订人员技术档案及培训记录，以保证其有效性。

(f)人员技术档案及培训记录应当妥善保存，防止非授权人员接近和修改。人员技术档案应当在其离开本单位后至少保存2年。

### （一）培训大纲的制定

维修单位培训系统应当依据规章和相关咨询通告要求、局方批准的维修能力和本单位各类人员岗位职责，结合本单位质量部门的人员授权管理匹配要求，确定本单位各岗位人员培训需求。综合岗位培训需求，制定出各类人员的培训课程。当法规、标准、维修单位的程序、组织机构、人员岗位、工作流程等发生变化时，本单位应及时进行培训需求分析，并按需修订培训大纲。

关于维修单位培训大纲的制定，详见2022年6月7日发布的《维修单位培训大纲的制定》（AC-145-FS-013R2）。

### （二）培训教员和培训设施的管理

维修单位应从优秀的维修人员中选拔培训教员，或者从优秀的单位外人员中外聘教员。培训教员负责按照培训大纲要求，编制课程大纲、培训课件、培训教材和考题，如有实作需要，还应制定实作项目清单、实作考核表等。培训教员应当具备所授课程相关知识，并经过教学方法等培训。

培训教员应纳入人员授权管理，对不合格教员应设定退出机制。

维修单位应为培训系统提供开展培训的设施，培训教室除具有足够的空间和学员座位外，还应当配备合适的教学设备，如黑/白板、投影仪、CBT 设备以及其他辅助教学设备（如剖面模型）等。

### （三）培训工作的实施

按照培训类型，培训可分为上岗培训、更新培训或复训、转岗培训。

维修单位人员在独立从事每个维修项目或者维修管理、支援工作前应当至少经过有关民航法规、国家标准或者行业标准、专业知识、工作程序和维修人为因素知识的培训，并且其维修技术英语等级与维修中使用的技术文件相匹配。除上述统一的内容外，上岗前还需完成对应岗位的专业知识培训。

为使维修单位人员持续满足单位各类岗位资质需要，各类人员还需完成民航法规、国家标准或者行业标准、专业知识、工作程序和维修人为因素，以及专业知识的更新培训或复训。

当维修单位人员工作岗位发生变化时，在独立完成指定工作任务前，必须按照当前岗位的要求安排对其进行全面培训，或根据其原来岗位要求与当前岗位要求的差异完成差异培训。

## 十一、第 145.28 条 维修单位手册

（a）维修单位应当制定完整的手册以阐述满足本规则要求的方法。维修单位手册由维修管理手册和工作程序手册组成。维修管理手册应当载明维修单位实施所有经批准的维修工作的总体要求和基本依据；工作程序手册应当根据维修管理手册载明部门或者车间的具体工作程序并应当获得局方认可。局方可以提出修订要求。

## 第六章 维修单位的基本条件和管理要求

(b)维修管理手册和工作程序手册应当按照下列格式和要求编写、修订和分发：

（1）维修管理手册和工作程序手册可以采用一本完整手册，或者多本分册的形式。采用多本分册形式的，应当在维修管理手册中有参照说明，不得在管理上出现空缺内容；

（2）国内维修单位的手册应当至少使用中文，国外维修单位的手册可以使用中文或者英文；

（3）维修管理手册应当采用活页的形式。维修管理手册应当包括有封面、目录、修订记录和有效页清单；手册每页中应当至少含有公司名称、手册名称、章节号、颁发或者修订日期、页码等；

（4）工作程序手册的形式可以由维修单位自行制定，但应当便于存放、查找、修订及管理；

（5）维修单位应当集中保存一套完整、有效的维修单位手册作为主手册，局方的签署页应当为原件；维修管理手册应当至少分发至责任经理、质量经理和生产经理；工作程序手册可以根据各部门和系统的具体工作职责全部或者部分分发至有关部门或者系统，必要时应当给某一部门或者系统分发多份。维修单位应当对手册进行及时修订并分发；

(c)维修管理手册应当至少包括下列内容：

（1）责任经理声明：责任经理签署的，确认维修管理手册和工作程序手册符合本规则的要求，并保证在任何时候都符合本规则的要求的声明；

（2）修订和分发控制：维修管理手册和工作程序手册的修订和分发程序；

（3）维修基本条件说明：包括维修许可证批准地点的厂房设施的说明；总的人员数量及与经批准的维修工作有关的维修人员、维修放行人员数量；

（4）组织机构：组织机构图及其说明，应当能够表明各部门和系统之间的关系；

（5）主要管理人员：责任经理、质量经理、生产经理名单、资历及其职责的说明；

（6）职责分配：各部门和人员的职责说明；

（7）维修能力说明：进行维修许可证批准范围内维修工作的具体维修能力的说明；

（8）各项管理要求；

（9）质量安全管理体系；

（10）授权的维修放行人员的名单以及签字或者印章样件；

（11）外委单位及外委项目清单；

（12）使用表格、标牌的样件；

（d）工作程序手册应当至少包括下列适用的项目：

（1）依据；

（2）适用范围；

（3）人员岗位资格；

（4）需要的工具和器材；

（5）工作或者操作程序；

（6）工作标准；

（7）工作记录要求；

（8）使用的表格、标牌样件。

## （一）维修单位手册体系

按照本规则的要求，维修单位至少应具备《维修管理手册》《工作程序手册》和《培训大纲》三本手册，如该维修单位具备无损检测能力，按照《无损检测工作管理规范》（MD-MAT-FS-004）的要求，维修单位还应当编制《无损检测管理手册》。对于规模较大的维修单位，可能还存在独立的《安全管理手册》和《部门工作手册》。维修单位应按照手册重要程度，建立手册上下级关系说明。

## （二）手册编写

详见《维修单位手册编写指南》（AC-145-005）。

## 十二、第145.29条 维修工作准则

维修单位实施维修工作，应当遵循下列维修工作准则：

（a）遵循符合相应技术文件的维修工作实施依据文件进行。

（b）维修工作超出相应技术文件要求，维修单位应当报告航空器运营人，并通过航空器运营人向局方申请批准其修理方案。

（c）工具设备符合相应技术文件的要求并处于良好可用状态。其计量工具精度应当符合技术文件的要求。复杂的设备，应当进行必要的维护并有操作说明。

（d）维修中使用符合民航局规定的合格器材并处于良好可用状态；使用经本单位维修的以恢复安装为目的的可用件应当具有本单位的可用件挂签；外委修理的可用件应当按照外委厂家的证件要求提供相应的维修放行证明；维修现场存放的民用航空器部件应当具有明确的标识，可用件与不可用件应当隔离存放并且在运输过程中妥善保护。

（e）各类人员所从事的工作内容与其授权的工作范围相符，未经授权人员应当在具有相应工作授权人员的指导下工作。

（f）充分考虑维修人为因素对维修工作的影响，避免对维修人员提出正常能力范围以外的要求。除非经与工会和劳动者协商，一般情况下，直接从事航空器或者其部件维修工作的维修人员的工作时间不应当超过每天8小时，每周的工作时间累计最多不应当超过40小时，特殊情况下可以适当延长工作时间，但每天最多不得延长超过3小时，每月的加班时间累计不得超过36小时；维修单位还应当保证各类人员在工作时不受毒品、酒精、药物等神经性刺激因素的干扰。

（g）逐一及时记录维修工作的完成状态，以保证维修工作的连续性和完整性。

（h）采取下列措施防止外来物遗留在航空器或者其部件上：

（1）维修工作中涉及的装配工作及打开口盖区域，在装配工作完成后或者关闭口盖前应当检查是否有外来物遗留在航空器或者其部件上；

（2）航线维修中每次放行前应当清点确认现场使用的工具没有遗留在航空器上。

### （一）超出技术文件要求的维修工作

在 CCAR-145 R3 中，本条（b）款的描述为"维修工作超出适航性资料标准"，在本次修订中，统一将"适航性资料"更改为"技术文件"。技术文件包含了：

规章——含咨询通告、管理文件及其引用的国家标准等。

各类手册——AMM、FIM、SRM、CMM、IPC 和 WDM 等，以及厂家提供的维修要求 SMR、CMR、ALI 和 MPD 等。

服务文件——中国民用航空局或初始型号审定民航当局颁发的适航指令（AD），厂家发布的服务通告（SB）、服务信函（SL），以及其他服务文件（不同的制造厂家对服务文件有不同的表述）。

按照 2023 年 4 月 6 日发布的 AC-145-FS-008 R1《航空器及其部件维修技术文件》的要求，语言的转换、分散内容的整理、基于通用工艺规范编制具体修理方案等，不属于超出相应技术文件的要求。

### （二）维修工作作风

维修是民航安全生产链条中的重要环节，良好的维修工作作风是维修工作质量最根本和重要的保障。经多年的发展，民航维修工作作风总结出"四个意识"和"五个到位"。

四个意识指规章意识、风险意识、举手意识和红线意识。

规章意识是底线，是基础。要严格遵守法律、法规以及公司手册、维修规范要求；抵制违反规章、不按照公司手册程序工作、不使用工作单卡、不执行工卡步骤、不正确使用工具、使用未经批准的航材、耗材等行为。

风险意识是手段，用于防范工作中的风险。工作前了解已知风险、主动识别风险、评估未知风险；工作中控制已知风险、规避新增风险；工作后总结新增风险、补充风险措施。坚决抵制盲目开工、野蛮操作、复杂及重大工作不进行风险评估或分析、对关键环节无控制措施等情形和行为。

举手意识是保证，用于控制异常、困难和隐患。维修工作中遇到异常要举手、遇到困难要举手、发现隐患要举手。坚决抵制工作任务不清时按经验操作、工作条件不具备时盲目施工、意外损伤零部件后自行处理、施工工卡与实际情况不符时将就应付、发现安全隐患事不关己高高挂起等行为。

诚信意识是红线，牢固树立失信是高压线不可触碰的理念。坚决抵制未做就签、编造或替人代签维修记录、各类申请材料造假、发生不安全事件后隐瞒不报、破坏现场、伪造证据、掩盖成机械故障等行为，任何人不能指使他人从事违反诚信的行为。

五个到位指准备到位、施工到位、测试到位、收尾到位和交接到位。

准备到位包含资料文件、工具设备、航材耗品、人员资质、现场组织、风险提示等到位。

施工到位指施工前要进行工作现场和工作条件确认，视情组织现场班组会，具体施工过程做好检查、拆装、测量三个环节，做好人员、飞机、设备的安全。该必检的必检；该清洁的清洁；该借助工具的借助工具；该"详细目视检查"的不能"一般目视检查"；做到眼（看）到、手（摸）到、听到；检查过程要精力到位，关注关键点，按工卡顺序实施，避免漏检。拆装时读懂工卡，按标准工艺实施；做好人员保护，穿戴好安全带、护目镜、手套等；做好工作区域防护，避免盖板、部件脱落造成飞机损伤、人员伤害，避免螺钉、工具等落入飞机狭小区域；避免野蛮操作造成飞机部件或设备损伤；正确使用专用和计量工具，测量时正确使用量具，按工卡要求实施，及时做好记录和标识，不允许工作整体做完后凭印象补记数据。

测试到位指测试工作的人员资质、设施设备（包括软件版本）、工卡等符合要求；测试工作（如发动机试车、收放反推、各类舵面作动等）前要进行周围环境、飞机状态的完整检查；要依据工卡、程序要求完整实施测试工作；如实记录测试数据；做好结果报告等。对于测试中遇到的突发情况、使用困难（设备不熟练、测试通不过等）或等效情况要正确处置。

收尾到位指收尾过程做好作业区域整理清洁，落实工具三清点。对关键项目按要求执行互检，确保构型恢复正常，维修记录签署完整，设施设备归还到位。

交接到位指建立和落实交接管控制度。做到交接信息准确、过程受控，要进行结果确认并形成闭环；关键步骤（如打力矩等）不允许交接；外部盖板等容易造成遗漏或检查困难的部件，不允许部分安装后交接。

## （三）维修中的人为因素

20 世纪 70 年代初，航空运输中人为因素问题引起了国际航空运输协会的关注，组建了人为因素委员会。ICAO 认识到人为因素研究和应用的重要性后，在国际民航公约附件 1、附件 6、附件 12 增加了人的因素要求。2000 年 4 月，民航总局颁发《关于开展人为因素研究的通知》。2002 年，民航总局颁发 AC-121-7《航空人员的维修差错管理》

维修中常见的 12 类人为因素包含：

1. 缺乏沟通

缺乏沟通代表信息交流的失败。工作中经常会出现指令发出者传送的指令可能不清楚，或者接收者错误理解这些指令的含义，而发出者可能认为信息已经被正确接收和理解。对于口头交流，通常认为信息传递的准确性仅为 30% 左右。

## 2. 自满情绪

当我们自我满足到失去危险意识时,就会出现这种情况。它有时是由过度自信造成的,当我们对自己的工作越来越熟练时,过度自信就会悄然而至。

## 3. 缺乏知识

随着技术的不断变化,这种导致错误的因素比我们想象的更为常见。此外,除非经常使用所学知识,否则普通人只能保留约20%的所学知识。培训和复训是避免这类人为错误的最佳方法之一。

## 4. 分　心

分心指任何让你的注意力离开手头工作的事情,哪怕只是一瞬间。我们的大脑反应速度比我们的双手要快得多,因此,我们总是超前思考。据调查,至少有15%的航空安全事故都是由这一因素造成的。

## 5. 缺乏团队合作

组织规模越大,这一因素就越常见。由于团队合作是不断发展和变化的,因此必须不断努力以防止事故的发生。团队精神很难形成,也很容易丧失。

## 6. 疲　劳

疲劳被认为是造成人为错误的头号因素。它具有隐蔽性,一般来说,人在意识到自己的判断力受到损害时已经为时已晚。疲劳很少单独起作用,但是很容易成为其他人为因素的诱因。

## 7. 缺乏资源

缺乏安全执行任务所需的资源导致了许多致命事故。如果所有零件都不可用以完成维修任务,则技术人员可能会迫于压力使用旧的或不合适的零件来完成任务。无论执行什么任务,资源都包括人员、时间、数据、工具、技能、经验和知识等,缺少任一这些资源都可能会影响其完成任务的能力。

### 8. 外在压力

准时的压力在航空业无处不在。民航业对时间非常敏感，许多决策都是围绕这一事实做出的。据调查，超过64%的压力导致的错误是由自我压力造成的，我们必须教会一线员工如何认识和应对外在压力。

### 9. 缺乏自信

当事情看起来不对时，缺乏果断性而不说出来，导致了许多致命事故。然而，果断也要求在做出决定之前倾听他人的意见。

### 10. 内在压力

内在压力是人在面对各种要求时下意识的反应。我们每个人在工作和生活中都会有一些压力，在我们因为内在压力感到痛苦之前，这都不是问题。但是如果我们没有学会如何管理压力，则压力就会管理我们，很有可能发生人为错误。

### 11. 缺乏意识

当观察时缺乏警觉性和警惕性时，就会出现缺乏意识的情况。这种情况通常发生在非常有经验的人身上，他们无法推理出通常是良好做法的可能后果。解决缺乏意识问题的方法之一，就是在出现相互矛盾的信息或事情看起来不太对劲时，多问几个"如果"和"为什么"。

### 12. 规　　范

规范一词在这里指习惯或潜在规则，或者说是一个组织通常的做事方式。规范是一个群体中大多数人遵守或容忍的不成文规则，而负面规范则有损于既定的安全标准，应从组织层面进行分析和改进。

## （四）器材挂签制度

在航空器或航空器部件维修过程中，存在四种状态，分别为"待修""可用""报废"和"停修（不可用）"。

待修件指因时控、改装、故障、性能验证等送修,且可预见维修完成后可成为合格的航空器部件。

报废件指满足不了批准的技术文件要求或当前的技术水平无能力恢复其适航性能要求的航空器部件,或其再次维修很不经济的航空器部件,以及维修要求的必换件和分解时会损坏的消耗件。

停修件指因不具备技术文件、器材及工具设备等原因,暂时无法恢复其适航性的航空器部件。

可用件指维修完成后能再次装机使用的航空器部件。

为避免不适航的航空器部件装机使用,在维修全过程中,所有航空器部件应进行唯一的状态标识。可用件挂签,由对航空器部件进行最终检验的人员填写,在装机后废弃。

## 十三、第 145.30 条 维修记录

维修单位的维修记录应当符合下列规定:

(a)维修工作应当保证记录完整。维修记录至少应当包括填写完整的工作单卡、发现缺陷及采取措施记录、换件记录及合格证件、执行的适航指令和服务通告清单、保留工作、测试记录、维修放行证明等。

(b)维修记录应当按照下列规定记录:

(1)同一工作的记录应当使用统一的单卡或者表格,除国外送修客户提出要求和某些自动生成的测试记录可以使用英文外,国内维修单位的维修记录应当至少使用中文;国外维修单位的维修记录(除工作单卡外)应当至少使用英文;

(2)维修记录的填写应当清晰、整洁、准确,测试数据应当填写实测值,任何更改应当经授权人员签署;

(3)维修记录可以使用书面或者计算机系统记录的形式。使用书面形式的,使用的纸张应当保证其在传递和保存期间不致损坏;使用计算机系统记

录的，应当保证信息能有效传递并建立与人员授权匹配的操作权限控制系统；

（c）维修记录完成后应当按照下列规定保存：

（1）建立避免水、火毁坏或者丢失等管理制度，使用计算机系统保存维修记录应当建立有效的备份系统及安全保护措施，防止未经授权的人员更改；

（2）航线维修工作的记录应当至少保存30天，其他维修记录应当至少保存两年。

（d）维修单位终止运行时，其在运行终止前两年以内的维修记录应当返还给相应的送修人。

## （一）维修记录的签署

持有CCAR-66部航空器维修人员执照并获得维修单位授权的人员，可签署相应机型的维修记录。获得检验、放行授权的人员可以签署相应的检验和维修放行证明。实习生和未授权单位员工，不得签署任何维修记录。未授权的单位员工可在已授权单位员工的监督下从事已授权单位员工授权范围内的维修工作，工作完成后由已授权单位员工检查确认，并由该授权员工签署维修记录。维修记录填写位置不得有空白。维修记录不应填与工作无关的内容。

签署维修记录的书写工具必须使用黑色或蓝色墨水钢笔、签字笔。有复写功能的飞行记录本、保留故障项目单等维修记录，使用黑色或蓝色签字笔填写。

应使用中文规范汉字填写，采用中文标准格式做到从左到右书写，不得跨栏、跨行、跳行填写。填写必须完整、准确、工整、清晰。非数据类的维修记录应使用叙述或说明性语言，内容明确，不得使用模棱两可的词语。

航空器、发动机、螺旋桨和部件的型号、件号等应与维修能力清单中的名称一致。当少量民用航空产品的适航证明文件、器材铭牌标注的型号、件号信息，与航空器手册的型号、件号信息有差异时，应当由维修单位确认统一的填写信息。

姓名在三个字以内（含）的人员，签署的姓名必须和本人执照中的姓名一致，不得只用姓或名或缩写，不得使用难以辨认的艺术字体。外文维修记录的签署使用姓名对应的汉语拼音。姓名超过三个字的人员，可签署经维修单位确认的唯一简称。不得使用多个简称，不得使用难以辨认的艺术字体。外文维修记录的签署使用姓名简称对应的汉语拼音。执照号统一填写经局方签批的维修执照完整编号。

维修记录中不适用的内容，应当用斜杠划掉。

测量数据填写实测值，包含数值和其对应的计量单位。

除编号、数量等信息外，无计量单位的数值均视为无效维修记录。不应使用"正常""性能良好""检查合格""试验合格"等字样代替测量值。

维修记录的每项工作均应在其对应的签署栏签署，禁止跨行、跨栏签署，同一项工作的工作者和检验者不得是同一人。严禁代签、代盖印章、借用或盗用他人印章。

### （二）维修记录的更改

维修记录的更改人员应获得授权。已退休、离职或其他已经无法完成修改的人员，可由其本人或维修单位指定的人员更改其签署的维修记录。上述情况外，维修记录的更改应由原签署人完成。维修记录的更改应先经维修单位授权的部门或人员确认后，才能完成更改。维修单位应当建立工作执行错误、工作执行正确的误填、漏填等方面的更改规则，并在单位内统一。

### （三）维修记录的存储

维修记录一般在航空器或航空器部件交付前，移交质量管理部门审核后，交存储部门完成存档。维修单位必须确定维修记录的存储地点，并明确负责存储部门的工作职责。存储维修记录的地方应该使保管人员容易接近，以便随时查阅维修记录，但又必须让无关人员无法接近，避免遗失或篡改。

本规则给出了航线维修记录至少保存 30 天，其他维修记录至少保存两年的要求。除上述要求外，对于航空器、发动机、螺旋桨翻修，其下一次的翻修日期可能超出本次翻修后两年，此类的维修记录应至少保存至到达下一个翻修周期。对需保持其可追溯性的维修记录，如航空器的改装、重要 CAD 的执行，应保存到所涉及的民用航空产品报废后为止。

## （四）维修记录的可恢复性

维修记录的保存应具有可恢复性，当某一项维修记录被损坏或遗失时，应能够通过其他有关的维修记录尽快建立遗失或损坏的那部分记录。

## 十四、第 145.31 条 维修放行证明

维修单位完成民用航空器或者其部件的维修工作后，应当由授权的放行人员按照民航局下列形式要求签发维修放行证明：

（a）航线维修或者结合航线维修完成的其他非定期检修工作，可以在完成后由授权的维修放行人员在飞行记录本上签署放行。定期检修工作及结合完成的其他维修工作，维修放行表格可以由维修单位自定，但是应当采用相对固定的格式并至少包括下列内容：

（1）维修单位名称、地址及维修许可证号；

（2）送修单位名称、地址及送修合同号；

（3）航空器制造厂家、型号、国籍登记号及按飞行小时、起落次数等记录的本次定期检修前使用时间；

（4）本次维修工作的名称、发现重大缺陷和采取的措施，并列出更换件记录和保留项目以及结合本次维修工作完成的适航指令、服务通告和其他附加工作；

（5）所完成的民用航空器维修工作及结合本次维修完成的其他工作符合涉及民航管理的规章要求的符合性声明；

（6）批准维修放行人员的姓名、执照号、放行日期及签名。

（b）民用航空器部件的维修放行证明采用由授权的维修放行人员签署《批准放行证书/适航批准标签》的形式。但是当任何部件的维修是为本单位另一项完整的维修工作需要时，其维修放行证明可以采用本单位内部合格证件的形式。维修单位签发维修放行证明应当遵守下列规定：

（1）只能对本单位维修的民用航空器或者其部件签发维修放行证明；

（2）维修放行证明不得任意更改或者挪作他用；

（3）维修单位可以根据具体情况对维修放行证明进行调整以保证填写内容的完整性，但是不得对其原有的内容进行任何删改。

经批准的维修单位应当至少向送修人提供维修放行证明并附有有关实施维修工作的说明。国内维修单位提供的维修放行证明以及有关实施维修工作的说明应当至少使用中文，但是在国外送修客户提出要求的情况下，维修放行证明以及有关的说明可以使用英文；国外维修单位为中国登记注册的民用航空器及其部件提供的维修放行证明和有关实施维修工作的说明应当至少使用英文。

维修放行证明的复印件应当与维修记录一同保存。

## （一）维修放行证明的类型别

在CAAC体系下，维修放行证明包含了三种类别：

（1）航空器的定期检修完成后，维修放行证明的表格由维修单位自定固定格式。

（2）航空器的航线维修，由维修放行人员在飞行记录本上签署放行。

（3）发动机、螺旋桨和除发动机或者螺旋桨以外的民用航空器部件维修完成后，使用民航局统一的表格签署放行。表格模板见2022年9月23日民航局发布的《批准放行证书/适航批准标签》的签发与管理程序（AP-21-AA-2022-52），表格填写要求见《维修记录与报告表格填写指南》（AC-145-04）。

## （二）维修放行证明签署要求

因用于发动机、螺旋桨和除发动机或者螺旋桨以外的民用航空器部件维修的批准放行证书/适航批准标签用得最频繁，此处详细讲解该维修放行证明的签署。

批准放行证书/适航批准标是编号为 038 的航空器适航表格（Aircraft Airworthiness Chart，AAC-038），作为航空器适航相关表格中的一种，AAC-038 表既用于初始适航，又用于持续适航。共有三种用途：

### 1. 证明符合性

作为局方设计批准审定过程中的符合性证明，表明原型发动机、螺旋桨或试验件符合设计批准申请人的型号资料。[①]

### 2. 批准适航性

作为新生产发动机、螺旋桨或零部件的适航性批准，表明其获得了局方的国内适航批准或者出口适航批准。

### 3. 证明适航性

作为发动机、螺旋桨或零部件完成维修后的适航性证明，表明其符合经局方批准的持续适航要求，并获得了维修许可证持有人签发的维修放行证明。

对于获得 CCAR-145 部维修许可证的单位，使用的是第三种用途，建议按照以下规则签署：

第 1 栏 国家。

填写"中国"，本栏内容可预先打印好。对于可能涉及出境的航材，建议填"中国/CHINA"。

第 2 栏 符合性或适航性。

因 AAC-038 既用于初始适航，又用于持续适航，在该栏中设置了"符合

---

[①] 此类 AAC-038 表不能作为合格航材的证明文件。

性"和"适航性"的选项，对于维修单位，只用于证明适航性，因此应在"适航性"前的方框内打"×"。本栏内容可预先打印好。

第3栏 证书编号。

该栏用于填写 AAC-038 表格的编号。按照咨询通告的要求，每份 AAC-038 表的编号应是唯一且可追溯的。对于维修单位，因每年度需统计上传所有签署的 AAC-038 表信息，该编号不应设计得太复杂，通常可采用"年份-流水号"或"年份-放行人员编号-流水号"的形式。

第4栏 单位和地址。

2022 年 9 月发布的模板对该栏进行了更新，增加了"地址"，该栏应当填写签署该标签的单位名称和地址，且应当与维修许可证批准的名称和地址一致。对一证多地的维修单位，地址则应当签署发动机、螺旋桨或零部件维修所在基地的地址。

第5栏 工作单/合同单/货单。

该栏填写工作单/合同单/货单编号，填写其中一个，具体使用哪一个，由维修单位按照建立快速可追溯系统的便利性自行确定。通常，维修单位会选择使用工作单编号作为追溯的依据，但对于发动机翻修等情况，由于会使用多份工作单，还可能存在随发动机附件的维修工作单，将增加填写的工作负担，建议使用合同单编号。

第6栏 序号。

此栏可填"1"或者不填，一般情况下，维修单位放行一个发动机、螺旋桨或零部件，出具一张 AAC-038 表。如果一张标签放行超过一个零部件，则需要进行项目编号，以便于在第 13 栏填写备注时一一对应。

第7栏 内容。

对应第 6 栏"序号"，填写发动机、螺旋桨或零部件的名称。对于发动机或螺旋桨，尽量使用制造厂家"品牌名称+Engine/Propeller"表示，如"Lycoming Engine""Hartzell Propeller"。对于零部件，名称与图解零部件目录（IPC）手册名称保持一致。

第 8 栏 件号。

对于发动机或螺旋桨，应填写型号。对于有多个名称的发动机或螺旋桨，应使用"已获批准的民用航空产品或零部件目录"中批准的型别。对于零部件，应填写航空器图解零部件目录（IPC）中的件号。部分航空器部件具有航空器图解零部件目录件号和部件图解零部件目录件号等多个件号，因该航空器部件是装到航空器的，建议使用航空器图解零部件目录件号，如航空器部件名铭牌仅标识了部件图解零部件目录件号，造成表格中件号与实物标识件号不一致，可在第 13 栏中予以说明。

第 9 栏 适用性。

对于发动机或螺旋桨，填写其能够安装的民用航空器的型号，如果能装在多个型号的航空器，则可填写"适用于多种型号"。对于零部件，则填写其能够安装的航空器、发动机或螺旋桨的型号，如果能装多个型号，则可填写"适用于多种型号"。如果不知道能装用的型号，则可注明"不知道"。

本栏中的任何信息都不能构成对相关发动机、螺旋桨或零部件安装到某一特定民用航空产品上的安装批准。

使用人或安装人必须通过型号资料、图解零部件目录、维修手册、服务通告等有关文件，来确认其能够安装在某一特定的民用航空产品上。

第 10 栏 数量。

填写发动机、螺旋桨或零部件的数量。

第 11 栏 系列号/批号。

填写相关发动机、螺旋桨或零部件的序号或批次号。如果既没有序号，也没有批次号，填写"不适用"。

第 12 栏 产品状态。

填写放行的民用航空产品的技术状态。按照 CCAR-145 R4 和 AC-145-001 R1 给出的维修工作类别，可分为检测、修理、翻修、定期检修和改装。如结合翻修执行改装工作，则应同时填写"翻修、改装"。

第 13 栏 备注。

此栏必须注明第 12 栏中维修工作类别所依据的技术文件，并填写出对放行的发动机、螺旋桨或零部件的特定数据和限制，以有助于使用人/安装人确定该零部件的最终适航性。

填写内容应包含：

a. 依据技术文件名称和版次。

b. 维修工作类别。

c. 适航指令和服务通告的执行情况。

d. 库存日期（如有）。

e. 其他需要提示的内容。

举例：该发动机已按照发动机翻修手册（版本号……）完成翻修，并执行……适航指令/服务通告，执行……改装。依据……文件，执行油封工作，有效期至……

第 14 栏 新产品。

本栏不适用，划去，可预先打印好。

第 15 栏 使用过的产品。

本栏适用，无须填写，可预先打印好。

第 16 栏 批准人签名。

由民航局批准的维修单位授权的放行人员签署，必须使用亲笔签字形式。签名使用姓名全称或规范简称，应与维修单位手册中批准的放行人员签字样件一致。

第 17 栏 批准人签名（打印的）。

打印第 16 栏签名人员的姓名，可预先打印好。姓名应使用姓名全称或规范简称，应与维修单位手册中批准的放行人员姓名一致。

第 18 栏 批准日期。

填写第 16 栏签名人员签署 AAC-038 表格的日期。

第 19 栏 中国民用航空局授权。

本栏填写签发 AAC-038 表格的维修单位维修许可证编号。

## 十五、第 145.32 条 缺陷和不适航状况的报告

维修单位应当将维修过程中发现或者出现的下列影响安全运行和民用航空器或者其部件适航性的重大缺陷和不适航状况以及其他重要情况在发现或者事件发生后的 72 小时之内向局方报告：

（a）航空器、发动机、螺旋桨或者直升机旋翼系统结构的较大的裂纹、永久变形、燃蚀或者严重腐蚀；

（b）发动机系统、起落架系统和操纵系统的可能影响系统功能的任何缺陷；

（c）任何应急系统没有通过试验或者测试；

（d）维修差错造成的航空器或者其部件的重大缺陷或者故障。

缺陷和不适航状况的报告应当按照民航局规定的格式报告，并如实填写要求填报的内容。在规定的期限内不能完成全部信息填报的，应当先用传真、电报、电话及电子邮件等形式报告，并在随后按照民航局规定的格式提出正式书面报告。

缺陷和不适航状况应当同时通知送修人。当维修单位认为是设计或者是制造缺陷时，还应当将有关情况通知航空器或者其部件的制造厂家。

### （一）缺陷和不适航状况报告的目的

民用航空器的适航管理是以保障民用航空器的安全性为目标的技术管理，是适航主管部门在制定了各种最低安全标准的基础上，对民用航空器的设计、制造、使用和维修等环节进行科学统一的审查、鉴定、监督和管理。因此，及时上报维修过程中发现或者出现的重大缺陷和不适航状况以及其他重要情况，可改进民用航空产品的设计，提高航空器的可靠性，保障航空器安全运行。

对缺陷和不适航状况报告是国内外民用航空管理的普遍要求，FAA 在 14CFR Part145 第 145.221 条强制要求维修单位在发现重大故障、缺陷或失效 96 小时内向 FAA 报告，EASA 在 Part 145 第 145.A.60 条要求 72 小时内报告。

### （二）缺陷和不适航状况报告的内容

1988 年 11 月发布的 CCAR-145 部，要求对"航空器、动力装置及其他机载设备有损坏、严重缺陷或故障以及某些重复出现的不适航情况"在 72 小时内向局方报告。1993 年 2 月发布的 CCAR-145 R1 修订为"涉及民用航空器运行安全的任何缺陷或民用航空器及航空器部件的任何不适航情况"以最快的形式向局方报告，并在 1993 年 3 月发布的 AC-145-04 R1 中对符合缺陷和不适航报告的十四种事件进行了描述。2001 年 12 月发布的 CCAR-145 R2 将缺陷和不适航状况报告的内容修订为当前的四项内容。可以看出，缺陷和不适航状况报告的内容逐步缩小至重要系统的重大缺陷和故障，使其更有针对性。

### （三）缺陷和不适航状况报告的要求

1. 及时性

应在重大缺陷和不适航状况以及其他重要情况发现或者事件发生后的 72 小时之内向局方报告。缺陷和不适航状况以 FSOP 系统标准表格的形式上报主任维修监察员，为确保及时性，上报前后还应与主任维修监察员密切沟通。对于规定的期限内不能完成全部信息填报的，先用传真、电报、电话及电子邮件等形式报告。

2. 重要性

仅报告维修过程中发现的或者出现的重大缺陷和不适航状况以及其他重要情况，主要包含上述条款列出的四项内容。对于一般的缺陷和不适航状况，无须报告。

### 3. 准确性

缺陷和不适航状况报告的填写，应按照 AC-145-04《维修记录与报告表格填写指南》最新版中的要求进行填写。缺陷和不适航状况报告的信息应填写准确，以便后续的分析和处理。信息填写不准确的报告，将误导后续的分析，造成资源浪费并威胁航空器安全。

# 第七章

# 监督管理

本章共3条内容,分别介绍了维修单位年度报告、监督检查和信用管理。相对于 CCAR-145 R3,本章节是《民用航空器维修单位合格审定规则》新增的。

## 一、第 145.33 条 年度报告

维修单位应当按年度向民航局报告本单位的下列情况:

(a)在厂房设施、人员、组织机构、维修能力和管理要求等方面发生的较大变化情况;

(b)除航线维修外,按照本规则对民用航空器或者其部件实施维修并签署维修放行证明的情况。

### (一)年度报告

《维修单位年度报告》的要求是在 CCAR-145 部第二次修订的时候建立的,并给出了年度的信息。

维修单位每年度 2 月 1 日前,向民航局或者地区民航管理机构提交上一年度 1 月 1 日至本年度 1 月 1 日的情况,包含:

(1)维修单位一年度在维修管理手册、厂房设施、工具设备、维修人员、工作程序等方面的重大变化。

(2)为用户提供维修的情况。

(3)为国内用户提供的重要修理和改装工作。

(4)向民航局报告的缺陷和不适航状况。

(5)自我质量审核情况。

报告应当认真填写,字迹整齐,经质量经理审核签名。年度报告的样例如图 7.1 所示。

第七章　监督管理

| 民用航空器维修单位合格审定规定 | （民航总局令第 152 号） |
|---|---|

# 附件四
# 维 修 单 位 年 度 报 告

（维修许可证号）

（单位名称）

（单位地址）

报告内容自＿＿＿＿年＿＿＿月至＿＿＿＿年＿＿＿月

质量经理＿＿＿＿＿＿＿＿＿＿（打印）

＿＿＿＿＿＿＿＿＿＿（签名）

＿＿＿＿年＿＿＿月＿＿＿日

---

填写说明：
1. 本报告应当每年度填写一次，报告内容自上一年度 1 月 1 日至本年度 1 月 1 日，并于每年 2 月 1 日前报 CCAR-145 部第四条规定的管理部门。
2. 本报告应当认真填写，字迹整齐，可以打印报告内容。
3. 如报告中空白处填写不下时，可以附页并在报告正文中说明。

F145-4(08/2005)　　　　　　　　　　　　　　　　　　1/5

CCAR-145-R3

(a)

民用航空器维修单位合格审定规定　　　　　　　　　　（民航总局令第 152 号）

1. 维修单位在本年度内是否发生以下方面的变化：

　　　　_____ 维修管理手册的修订；

　　　　_____ 厂房设施的重大变化；

　　　　_____ 工具设备的重大变化；

　　　　_____ 维修人员的重大变化；

　　　　_____ 工作程序的重大变化；

　　　　_____ 其它任何重大变化。

　　如"有"请在上述内容前的空格打"×"，并在下面空白处说明详细情况。

　　详细变化内容：




上述变化情况是否已报 CCAR-145 部第四条规定的管理部门？

　　　　_____ 是　　　　_____ 否

F145-4(08/2005)　　　　　　　　　　　　　　　　　　　　　　　　　　2/5

- 44 -　　　　　　　　　　　　　　　　　　　　　　　　　　　CCAR-145-R3

（b）

民用航空器维修单位合格审定规定 (民航总局令第 152 号)

2. 本年度内为中国用户提供维修的情况。

| 维修项目 | 件号/<br>型号 | 序号/<br>批次号 | 表格 AAC-038/<br>放行证明编号 | 中国用户 | 放行签署日期 | 所实施的维修工作 |
|---|---|---|---|---|---|---|
| | | | | | | |
| | | | | | | |
| | | | | | | |
| | | | | | | |
| | | | | | | |
| | | | | | | |
| | | | | | | |
| | | | | | | |
| | | | | | | |
| | | | | | | |
| | | | | | | |
| | | | | | | |
| | | | | | | |
| | | | | | | |
| | | | | | | |
| | | | | | | |
| | | | | | | |
| | | | | | | |
| | | | | | | |
| | | | | | | |
| | | | | | | |
| | | | | | | |
| | | | | | | |
| | | | | | | |
| | | | | | | |
| | | | | | | |
| | | | | | | |

F145-4(08/2005)
CCAR-145-R3

（c）

| 民用航空器维修单位合格审定规定 | （民航总局令第 152 号） |
|---|---|

3. 本年度内为中国用户提供的重要修理和改装工作

| 项目名称 | 工作内容 | 完成日期 | 质量反馈 |
|---|---|---|---|
|  |  |  |  |
|  |  |  |  |
|  |  |  |  |
|  |  |  |  |
|  |  |  |  |
|  |  |  |  |
|  |  |  |  |
|  |  |  |  |

是否填写了表格 AAC-085？ _____ 是　　_____ 否

4. 本年度向中国民用航空总局报告的缺陷和不适航状况

| 报告内容 | 涉及的航空器或航空器部件 | 报告日期 |
|---|---|---|
|  |  |  |
|  |  |  |
|  |  |  |
|  |  |  |
|  |  |  |
|  |  |  |
|  |  |  |
|  |  |  |

是否使用表格 F145-5 填报？ _____ 是　　_____ 否

F145-4(08/2005)　　　　　　　　　　　　　　　　　　　　　4/5

CCAR-145-R3

( d )

| 民用航空器维修单位合格审定规定 | （民航总局令第 152 号） |
|---|---|

5. 本年度自我质量审核的情况

  （1）本年度是否制定了自我质量审核计划？

    _____ 是　　_____ 否

  （2）自我质量审核是否按计划进行？

    _____ 是　　_____ 否

  如"否"，请在下面空白处说明改变计划或未进行的原因：

  （3）自我质量审核发现的主要问题：（请在下面空白处说明）

  （4）对于自我质量审核发现主要问题的改正情况：（请在下面空白处说明）

主任适航监察员评语：　（此栏仅供中国民用航空总局或地区民航管理机构使用）

F145-4(08/2005)             5/5

CCAR-145-R3

（e）

图 7.1　维修单位年度报告样例

## （二）维修放行证明签署登记

因每年度需要在年度报告中列出所有维修放行证明签署情况，维修单位应建立维修放行证明签署情况登记，在每一份维修放行证明文件签署后，详细登记年度报告第 2 项要求信息，包含维修项目、件号/型号、序号/批次号、维修放行证明编号、用户名称、签署日期和维修工作。

## 二、第 145.34 条 监督检查

局方结合下列工作监督维修单位对本规则要求的符合性情况：
（a）按照本规则第 145.11 条第一款申请维修许可证变更的审查；
（b）按照本规则第 145.11 条第二款对维修单位手册修改的审查；
（c）涉及维修质量和民用航空器事件的调查；
（d）其他计划和非计划监督检查。

### （一）监督检查的依据

《适航管理条例》第十九条规定"民航局有权对生产、使用、维修民用航空器的单位或者个人以及取得适航证的民用航空器进行定期检查或者抽查；经检查与抽查不合格的，民航局除按照本条例的有关规定对其处罚外，还可吊销其有关证件"。

《行政许可法》第六十一条规定"行政机关应当建立健全监督制度，通过核查反映被许可人从事行政许可事项活动情况的有关材料，履行监督责任"。

### （二）监督检查的类型

局方对维修单位的监督检查包含了合格审定和监督管理两类。合格审定分为初始审定、更新审定和变更审定三类，监督管理分为体系监察、现场监察、维修质量调查和特殊监察。体系监察和更新审定是按计划进行的，体系监察按年度完成，每年度局方会发布监察计划，维修单位按计划准备资料，局方完成检查。更新审定在维修许可证快到期时完成，完成后延长有效期。

### 三、第 145.35 条 信用管理

维修许可证申请人或者维修单位有下列行为之一的，依法作为严重失信行为记入民航行业信用记录：

（a）拒绝接受或者拒不配合局方依法开展的监督检查的；

（b）拒不执行局方依法作出的改正或者限期改正要求的；

（c）在维修许可证的申请、变更、延续等工作过程中，有欺骗、伪造、非法更改或者故意提交虚假材料等行为的；

（d）在明知超出批准的维修项目或者工作范围及不符合本规则第 145.13 条第二款的规定，仍违规组织签署维修放行，造成严重后果的。

#### （一）社会信用体系建设

2013 年 1 月，《征信业管理条例》出台，首次从法律上明确征信系统的地位。2014 年 6 月，国务院印发《社会信用体系建设规划纲要（2014—2020 年）》，标志着社会信用体系建设拉开帷幕，纲要明确了社会信用体系建设的总框架，要求建立健全社会信用法律法规及信用标准体系，标志着我国社会信用体系建设进入全面推进阶段。2016 年 5 月，《关于建立完善守信联合激励和失信联合惩戒制度 加快推进社会诚信建设的指导意见》正式发布，标志着我国社会信用体系建设顶层设计基本完成。2019 年 7 月，国务院办公厅印发《关于加快推进社会信用体系建设 构建以信用为基础的新型监管机制的指导意见》，提出要建立健全贯穿市场主体全生命周期，衔接事前、事中、事后全监管环节的新型监管机制。2022 年 3 月，国务院办公厅印发《关于推进社会信用体系建设高质量发展促进形成新发展格局的意见》，明确了社会信用体系建设的方向指引和路径安排。

#### （二）民用航空信用体系建设

民用航空的信用体系建设是国家信用体系建设的一部分，为贯彻落实《社

会信用体系建设规划纲要（2014—2020年）》和《国务院关于建立完善守信联合激励和失信联合惩戒制度 加快推进社会诚信建设的指导意见》的精神，加强民航行业信用文化建设，维护民用航空活动秩序，促进民航行业健康发展，民航局于2017年11月印发《民航行业信用管理办法（试行）》（民航发〔2017〕136号）。2021年4月，民航局对《民航行业信用管理办法（试行）》进行了全面修订，形成了《民航行业信用管理办法》（民航规〔2021〕13号）。依据该办法，民航局飞标司于2021年6月发布了《民航维修行业失信行为管理办法》（民航规〔2021〕18号），该办法适用于航空运营人或者中国登记航空器实施维修、维修管理和培训业务的单位或者个人，以及为上述业务提供支持服务的第三方单位或者个人的信用体系建设。

为满足上述文件的要求，本次规则修订，增加了信用管理专门条款，并列出了需记入民航行业信用记录的四种严重失信行为。一旦出现这四种严重失信行为，民航局将对存在严重失信行为的相对人，进行核实取证，采集相对人基本信息和严重失信行为信息，通过《民航行业严重失信行为认定告知书》告知相对人严重失信行为信息的事由、依据、失信惩戒措施提示，相对人有权在告知书规定的期限内进行陈述和申辩，逾期视为放弃陈述和申辩。局方决定将相对人严重失信行为记入信用记录的，会通过《民航行业严重失信行为认定决定书》告知其处理的理由、结果，失信惩戒措施提示、移除条件和程序以及救济措施。信用记录有效期为一年，自相关决定书送达之日起计算。

局方将对信用记录中存在严重失信行为信息的相对人依据不同情形实施惩戒：

（1）办理行政许可的，依法从严审核，禁止适用告知承诺制。

（2）实施行政处罚的，依法从重处罚。

（3）对违法行为进行处理的，禁止适用法定自查容错机制。

（4）编制行政检查计划的，加大检查频次。

# 第八章

# 法律责任

本章共6条内容，列出了维修单位违反本规则应当承担的法律责任。相对于CCAR-145 R3，本次修订根据行政处罚法的要求，对"法律责任"中的处罚名称、类别进行了全面调整。

《行政处罚法》共设置了六个类别的处罚，分别为：
（1）警告、通报批评。
（2）罚款、没收违法所得、没收非法财物。
（3）暂扣许可证件、降低资质等级、吊销许可证件。
（4）限制开展生产经营活动、责令停产停业、责令关闭、限制从业。
（5）行政拘留。
（6）法律、行政法规规定的其他行政处罚。

第一类警告、通报批评为申诫罚。警告指行政机关对有违法行为人提出告诫，使其认识所应负责任的一种处罚。一般适用于违法行为较轻微、对社会危害程度不大的行为。通报批评，是指行政机关对有违法行为人通过发布公告、发文件通报、会议通报等方式提出批评，使其认识错误、积极整改，教育违法者，同时广泛教育他人的处罚措施。其与警告的最主要区别是，警告一般是点对点进行，而通报批评是点对面的形式，具有公开性，相比警告而言，对被处罚者的影响更大。

第二类罚款、没收违法所得、没收非法财物为财产罚。罚款是行政机关责令违法行为人在一定期限内缴纳一定数额的货币，是为了惩戒违法行为人的违法行为，对当事人合法财产的剥夺。没收违法所得尽管也需要违法行为人缴纳一定数额的货币，与罚款具有相似性，但其是对非法财产的剥夺。没收非法财物，与没收违法所得的区别在于，其一般是指金钱以外的财产。

第三类暂扣许可证件、降低资质等级、吊销许可证件为资格罚。暂扣许可证件是指暂时扣留许可证件，以暂时剥夺其从事某项生产或经营活动权利的行政处罚。吊销许可证件是剥夺被处罚人已经取得的许可权利或资格，使其丧失继续从事许可行为的资格。降低资质等级的处罚主要是针对开展相应的生产经营或者执业活动需要取得一定的资质条件，并且不同的资质等级所允许从事的活动范围不同的情形。

第四类限制开展生产经营活动、责令停产停业、责令关闭、限制从业为行为罚。限制开展生产经营活动，是在原生产经营范围、规模基础上加以控制或缩减，但并不停产停业。责令关闭，是要求违法者永久关闭其生产经营场所，不得继续从事相关生产经营活动，针对的是生产经营的事实状态。

第五类行政拘留为人身处罚。只有公安机关、国家安全机关有权依据法律规定行使。

第六类法律、行政法规规定的其他行政处罚为兜底性条款。该项处罚的设定权仅赋予了法律和行政法规，不包括地方性法规、地方政府规章、部门规章、其他规范性文件。

CCAR-145部作为部门规章，按照《行政处罚法》的规定，仅能设置第一类至第四类行政处罚。

## 一、第145.36条 未取得证件的处罚

违反本规则规定，未取得相应的维修许可证或者超出许可维修范围，擅自从事维修活动，民航局可以责令其停止维修活动或者吊销其维修许可证，处1万元以下的罚款；情节严重的，处1万元以上3万元以下的罚款。

本条依据《民航法》第二百零三条"未取得公共航空运输经营许可证或者通用航空经营许可证而从事公共航空运输或者从事经营性通用航空的，国务院民用航空主管部门可以责令停止生产、维修或者经营活动"设定，使用了财产罚、资格罚和行为罚。

## 二、第145.37条 提供虚假材料的处罚

申请人隐瞒有关情况或者提供虚假材料申请维修许可证的，局方不予受理或者不予许可，并给予警告；自该行为发现之日起1年内申请人不得再次申请维修许可证。

本条依据《行政许可法》第七十八条"行政许可申请人隐瞒有关情况或者提供虚假材料申请行政许可的，行政机关不予受理或者不予行政许可，并给予警告"设立，使用了申诫罚和行为罚。

## 三、第 145.38 条 欺骗、贿赂取得许可的处罚

申请人以欺骗、贿赂等不正当手段取得维修许可证的，由局方撤销相应的维修许可，处警告或者 1 万元以下的罚款；情节严重的，处 1 万元以上 3 万元以下的罚款；申请人在 3 年内不得再次申请维修许可证。

本条依据《行政许可法》第六十九条"被许可人以欺骗、贿赂等不正当手段取得行政许可的，应当予以撤销"设定，使用了财产罚、资格罚和行为罚。

## 四、第 145.39 条 不能保持本单位持续符合本规则要求的处罚

维修单位违反本规则第 145.13 条规定，不能保持本单位持续符合本规则要求的，由局方处警告或者 1 万元以下的罚款；情节严重的，处 1 万元以上 3 万元以下的罚款；因此造成事故且维修单位负有责任的，依法暂扣或者吊销其维修许可证或者相关维修项目。

本条依据本规则第十三条设定，使用了财产罚和资格罚。

## 五、第 145.40 条 维修工作不满足相应技术文件要求

维修单位违反本规则第 145.13 条，对民用航空器或者其部件所进行的维修工作不满足相应技术文件要求的，由局方处警告或者 1 万元以下的罚款；情节严重的，处 1 万元以上 3 万元以下的罚款；因此造成事故且维修单位负有责任的，依法暂扣或者吊销其维修许可证或者相关维修项目。但是法律、行政法规有规定的，从其规定。

本条依据本规则第十三条设定，使用了财产罚和资格罚。

## 六、第 145.41 条 不如实报告信息的处罚

维修单位违反本规则第 145.13 条第四款规定，不如实向局方报告本规则所要求信息的，由局方处警告或者 1 万元以下的罚款；情节严重的，处 1 万元以上 3 万元以下的罚款。

本条依据本规则第十三条设定，使用了财产罚和资格罚。

# 第九章

# 附则解读

本章共 2 条内容，包含术语和定义、生效与废止。

## 一、第 145.42 条 术语和定义

本规则所用的术语和定义如下：

局方：包括民航局和民航地区管理局。除非特别注明，对于国内维修单位而言，一般指主要办公地点所在地的民航地区管理局；对于国外维修单位而言，一般指民航局。

民用航空器：是指除用于执行军事、海关、警察飞行任务以外的航空器。

民用航空器部件：是指除民用航空器机体以外的任何装于或者准备装于民用航空器的部件，包括发动机、螺旋桨和设备。

维修：是指对航空器或者航空器部件所进行的任何检查、测试、修理、排故、换件或者翻修工作。对于已经获得适航审定部门批准的设计更改的实施，也视为维修工作。

独立的维修单位：是指独立于航空器运营人的维修单位。

航空器运营人的维修单位：是指航空器运营人自己建立，或者与他人联合组建但由航空器运营人控股或者实际管理，指定为本运营人的航空器或者其部件提供维修服务的维修单位。航空器运营人的维修单位在为其他航空器运营人提供维修服务时视为独立的维修单位。

国内维修单位：是指管理和维修设施在中国境内的维修单位。

国外维修单位：是指管理和维修设施在外国的维修单位。

责任经理：是指维修单位中能对本单位满足本规则的要求负责，并有权为满足本规则的要求支配本单位的人员、财产和设备的人员。

质量经理：是指维修单位中由责任经理授权对维修工作质量进行管理和监督并直接向责任经理负责的人员。

生产经理：是指维修单位中对维修工作的整体计划和实施负责的人员。

维修放行人员：是指维修单位中确定航空器或者其部件满足相应技术文

件的要求，并签署批准维修放行的人员。

维修人为因素：是指航空器维修工作过程中，应当考虑人的行为能力和局限性对航空器或者其部件的维修的有效性和安全性的影响，以及考虑人与其他因素的协调关系的基本原则。

自制件：是指不是依据航空器或者其部件的制造厂家公开发布的持续适航性文件中给定的设计数据、材料或者加工方法制造的航空器部件。

维修人员的工作时间：也称为维修人员的值勤时间，是指维修人员在接受维修单位安排的工作任务后，从为了完成该次任务而到指定地点报到时刻开始（不包括从居住地或者驻地到报到地点所用的时间），到工作任务完成或者解除时刻为止的连续时间段。

### （一）定义的调整

本次修订，对 CCAR-145 R3 的定义进行了调整，增加了"局方"的定义，删除了"主任适航监察员""制造厂家的维修单位""地区维修单位""经批准的标准""民航总局批准"等定义。

### （二）定义的修订

相对 CCAR-145 R3 中"维修"的定义，本规则将已经获得适航审定部门批准的设计更改的实施，也视为维修工作。

## 二、第 145.43 条 生效与废止

本规则自 2022 年 7 月 1 日起施行。原民航总局于 2005 年 9 月 27 日公布的《民用航空器维修单位合格审定规定》（民航总局令第 152 号）同时废止。除另有规定外，在本规则修订版施行之前已经持有按本规则颁发的现行有效维修单位许可证的维修单位应当于 2022 年 12 月 31 日之前完全符合本次修订版的要求。

本条规定了本规则的时间效力，即 2022 年 7 月 1 日生效。生效日期之后申请取得民用航空器维修许可证的单位，按照新颁布的规章进行合格审定。对于本规章生效前已取得民用航空器维修许可证的单位，该条给出了半年的过渡期，即这些维修单位应当于 2022 年 12 月 31 日之前完全符合规章修订的内容。

本条废止了 2005 年 9 月 27 日公布的 CCAR-145 R3《民用航空器维修单位合格审定规定》（民航总局令第 152 号）。

# 参考文献

[ 1 ] 中国民用航空局. 中国民航机务条令[Z]. 1959.

[ 2 ] 中国民用航空总局. 中国民用航空工程机务条例（草案）[Z]. 1965.

[ 3 ] 中国民用航空总局. 中国民用航空机务条例[Z]. 1975.

[ 4 ] 中国民用航空局. 机务工程条例[Z]. 1983.

[ 5 ] 中国民用航空局. 维修许可审定（CCAR-145）[Z]. 1988.

[ 6 ] 中国民用航空总局. 民用航空维修许可审定的规定（CCAR-145R1）[Z]. 1993.

[ 7 ] 中国民用航空总局. 民用航空器维修单位合格审定规定（CCAR-145R2）[Z]. 2001.

[ 8 ] 中国民用航空总局. 民用航空器维修单位合格审定规定（CCAR-145R3）[Z]. 2005.

[ 9 ] 中国民用航空局. 民用航空器维修单位合格审定规则（CCAR-145R4）[Z]. 2022.

[10] 中国民用航空局. 中华人民共和国民用航空器适航管理条例[Z]. 1987.

[11] 李军. 中国民航年谱（1949—2010）[M]. 北京：中国民航出版社，2012.

[12] 杨海涛，等. 2022年中国民航维修系统资源及行业发展报告[J]. 航空维修与工程，2023（7）：12-15.

[13] 中国民用航空局. 中国民航航空安全方案[Z]. 2015.

[14] J·莫布雷. 以可靠性为中心的维修[M]. 石磊，谷宁昌，译. 北京：机械工业出版社，1995.

[15] 姬瑞鹏,等. 国际民航组织概论[M]. 北京：北京航空航天大学出版社，2017.

[16] 中国民用航空局政策法规司.欧盟民航业法律法规手册[M]. 北京：中国民航出版社，2012.

[17] 民用飞机适航管理编辑委员会.民用飞机适航管理[M]. 北京：国防工业出版社，1991.

[18] 金尼逊. 航空维修管理[M]. 李建珺，李真，译. 北京：航空工业出版社，2007.

[19] 曹三明，夏兴华. 民用航空法释义[M]. 沈阳：辽宁教育出版社，1996.

[20] 菲利普·德·弗洛里奥. 适航性：航空器合格审定导论[M]. 冯振宇，译. 北京：航空工业出版社，2020.